月　日

単項式と多項式

点

点／100点

1 次の式は単項式か，多項式か答えなさい。 (5点×4)

(1) $a+b$

(2) m^2n

(3) $\frac{2}{5}a^2$

(4) $\frac{4}{3}x^2-2y+5$

2 次の多項式の項を答えなさい。 (8点×4)

(1) $8x+5y$

(2) $4a^2-\frac{1}{2}$

(3) $3a+b-7$

(4) $\frac{3}{7}x^2+\frac{1}{8}xy+9$

3 次の式は何次式ですか。 (8点×6)

(1) $-3x+5y$

(2) $4x^2-\frac{5}{8}x$

(3) $-\frac{7}{3}m^3$

(4) $8a-2b+9$

(5) $-5y^2+2y+8$

(6) $-a^3b^2+\frac{a^2}{3}$

得点UP

❷ 式を**加法の式に直す**。＋で結ばれた１つ１つが項である。

❸ 各項の次数のうちで**最大のもの**が，その式の次数である。

START　GOAL

同類項

点
合格点：80点／100点

1　次の式の同類項を答えなさい。　(5点×4)

(1)　$4x+6y-2x+5y$

(2)　$a-2b-4a+7b$

(3)　$3xy+5x-8xy-2x$

(4)　$2a^2-3a+6a^2-2a+5c$

2　次の式の同類項をまとめなさい。　(8点×4)

(1)　$-7a-2b+4b+3a$

(2)　$5x+9y+2x-4y$

(3)　$6a^2+3a-4a^2-5a$

(4)　$8xy-3x-5xy+3x$

3　次の式を簡単にしなさい。　(8点×6)

(1)　$9x+2xy-4xy-3x+5xy$

(2)　$4a^2-7a+5-3a-a^2$

(3)　$5x^2-x-4+8x-6x^2+7$

(4)　$8ab-7b+3c-3ab+6b$

(5)　$\frac{3}{4}a-\frac{1}{2}b-\frac{5}{6}a+\frac{2}{3}b$

(6)　$\frac{4}{5}x^2+\frac{5}{6}x-\frac{3}{10}x^2+\frac{2}{3}x$

得点UP

❶ 文字の部分がまったく同じである項が同類項である。
❷ 分配法則を使って，係数どうしの和に，共通の文字をつける。$ma+na=(m+n)a$

月　日

式の加法

点

合格点：80点／100点

1 次の計算をしなさい。

(5点×4)

(1) $3x+(2x-3y)$

(2) $2a+3b+(-3a+5b)$

(3) $5x-4y+(3x-2y)$

(4) $-x^2+5x+(4x^2-7x)$

2 次の計算をしなさい。

(8点×8)

(1) $(a+3b)+(2a-4b)$

(2) $(3x-y)+(-2x+5y)$

(3) $(x^2-4x)+(5x^2-3x)$

(4) $(-2a+5b)+(4a-8b)$

(5) $(4ab-2a)+(7a-ab)$

(6) $(2x+4y)+(4x+3y-2)$

(7) $(6a-10-4b)+(9b-5a)$

(8) $(2x^2-4x+5)+(x^2-5+6x)$

3 次の2つの式の和を求めなさい。

(8点×2)

(1) $x+4y$，$4x-2y$

(2) $3a^2-5a+9$，$-a^2+4a-6$

得点UP

1 (1)+(　)は，**そのままかっこをはずし**，同類項をまとめる。

2 (1)はじめのかっこは，**+の符号が省略されている**と考えて，**そのまま**かっこをはずす。

No. 04

式の減法

点

合格点：80 点／100 点

1 次の計算をしなさい。 (5点×4)

(1) $4a-(2a-5b)$

(2) $3x+2y-(4x+6y)$

(3) $7a-2b-(3b-2a)$

(4) $-x^2+8x-(-6x^2+4x)$

2 次の計算をしなさい。 (8点×8)

(1) $(x+3y)-(4x-2y)$

(2) $(5a-b)-(5b+4a)$

(3) $(a^2-6a)-(3a^2-7a)$

(4) $(-2x+3y)-(8y-5x)$

(5) $(8xy-6y)-(2y+3xy)$

(6) $(6a+7b)-(4a-3b+5)$

(7) $(7x-8-3y)-(-y+2x)$

(8) $(3a^2-5a+4)-(a^2-4+6a)$

3 次の左の式から右の式をひいた差を求めなさい。 (8点×2)

(1) $4a+3b$，$2a-5b$

(2) $2x^2-4x+8$，$-x^2+3x-2$

得点UP

1 (1)−(　)は，**かっこ内の各項の符号を変えて**かっこをはずし，同類項をまとめる。

3 (1)それぞれの式にかっこをつけて(　)−(　)の形にし，かっこをはずしてから計算する。

START　GOAL

式と数の乗法

月　日

点

合格点：76 点／100 点

1 次の計算をしなさい。

(6点×6)

(1) $2(x+3y)$

(2) $3(3a-2b)$

(3) $5(a^2+4a)$

(4) $-2(8x-y)$

(5) $-4(2xy-5y)$

(6) $-6(-4a+7b)$

2 次の計算をしなさい。

(8点×8)

(1) $4(3a-4b+2)$

(2) $-3(2x+4y-5)$

(3) $6(-a^2+3a-4)$

(4) $(x^2-2x+3)\times(-7)$

(5) $3(2xy-7x+6y)$

(6) $-8(-3a^2+4ab-8b^2)$

(7) $8\left(\frac{3}{4}a-\frac{b}{2}\right)$

(8) $(6x-9y-12)\times\left(-\frac{1}{3}\right)$

得点UP

1 (1)分配法則を利用して，**かっこの外の数をかっこ内のすべての項にかける。**

2 (8)かける数が分数になっても，計算のしかたは，これまでと同じ。

月　日

点

合格点：76 点／100 点

式と数の除法

1 次の計算をしなさい。 (6点×6)

(1) $(4a-8b)\div 2$

(2) $(16x+20y)\div 4$

(3) $(-15x^2+21x)\div 3$

(4) $(10a-18b)\div(-2)$

(5) $(-25ab+15b)\div(-5)$

(6) $(9x^2-8y^2)\div(-6)$

2 次の計算をしなさい。 (8点×8)

(1) $(12x^2-8x+32)\div 4$

(2) $(24a+18b-30)\div(-3)$

(3) $(-10x+12y-20)\div 8$

(4) $(2x^2-3xy+4y^2)\div\left(-\frac{1}{2}\right)$

(5) $(a^2+5a-3)\div\frac{1}{3}$

(6) $(-3xy+4x+y)\div\left(-\frac{1}{4}\right)$

(7) $\left(\frac{a}{4}-\frac{b}{6}\right)\div\frac{3}{4}$

(8) $\left(\frac{5}{6}x^2-\frac{4}{9}y^2\right)\div\left(-\frac{2}{3}\right)$

得点UP

1 (1)**わる数の逆数**をかけて，乗法に直してから計算する。

2 (4)わる数が分数になっても，計算のしかたは，これまでと同じ。

月　日

点

合格点：76 点／100 点

いろいろな計算(1)

1 次の計算をしなさい。

(6点×6)

(1) $4x+3(x+3y)$

(2) $5b-4(2a-b)$

(3) $2a+3b+6(a-4b)$

(4) $3x-8y-5(2x-7y)$

(5) $-2(4a+3b)+a+9b$

(6) $7(x-2y)-3x+5y$

2 次の計算をしなさい。

(8点×8)

(1) $4(2a-b)+(2a-3b)$

(2) $3(x+5y)-(-4x+3y)$

(3) $2(x+3y)-3(2x-y)$

(4) $3(4a-b)+4(2a+5b)$

(5) $5(4a-3b)+7(2b-3a)$

(6) $2(3x+7y)-3(x-6y)$

(7) $2(x^2+8x-3)-3(5x-2)$

(8) $6(3a^2-4a+2)+2(a-9a^2)$

得点UP

❶ (1)分配法則を使って**かっこをはずしてから**，同類項をまとめる。

❷ 式が複雑になると，かっこをはずすときにミスをしがち。特に，**かっこの前が負の数**のときは要注意。

月　日

いろいろな計算(2)

点

合格点：76 点／100 点

1 次の計算をしなさい。

(6点×6)

(1) $a+\frac{4a-b}{3}$

(2) $y-\frac{x+3y}{4}$

(3) $3x+\frac{2x+3}{5}$

(4) $\frac{3a-4b}{2}-5b$

(5) $\frac{5b-4a}{7}+2a$

(6) $\frac{y-7x}{6}-4y$

2 次の計算をしなさい。

(8点×8)

(1) $\frac{3x-y}{4}+\frac{x}{2}$

(2) $\frac{a+5b}{3}-\frac{b}{4}$

(3) $\frac{4x+y}{5}+\frac{x-2y}{10}$

(4) $\frac{3a-b}{2}-\frac{a-5b}{6}$

(5) $\frac{2x+3y}{9}+\frac{3x-4y}{3}$

(6) $\frac{6a+3b}{8}-\frac{a+2b}{6}$

(7) $\frac{5x-3y}{6}+\frac{2x+5y}{4}$

(8) $\frac{4a+3b}{9}-\frac{2a-7b}{6}$

得点UP

1 (1)**通分**して，**1 つの分数の形**にしてから計算する。分子が多項式のときは，その式に**かっこ**をつける。

2 (1)**分母の最小公倍数**を共通な分母にして通分するとよい。

単項式の乗法

点

合格点：76 点／100 点

1 次の計算をしなさい。

(6点×6)

(1) $4x \times 5y$

(2) $2a \times (-6b)$

(3) $(-4xy) \times 3z$

(4) $(-7b) \times (-8ac)$

(5) $\frac{1}{6}n \times (-18m)$

(6) $-\frac{7}{8}a \times (-40b)$

2 次の計算をしなさい。

(8点×8)

(1) $4x^2 \times 2x$

(2) $6a \times (-3a^3)$

(3) $(-5y)^2$

(4) $(-3m)^3$

(5) $xy \times 8x^2y$

(6) $(-4a^2b) \times (-9ab^3)$

(7) $(-a)^3 \times 7ab$

(8) $6y \times (-2x)^2$

得点UP

1 (1)単項式どうしの乗法は，**係数の積に文字の積**をかければよい。

2 (1)同じ文字の積は，**累乗**（るいじょう）**の指数**を使って表す。

単項式の除法

点

合格点： 76 点 ／ 100 点

1 次の計算をしなさい。

(6点×6)

(1) $12ab \div 4a$

(2) $15xy \div (-3y)$

(3) $-4mn^2 \div 8mn$

(4) $6a^2b \div (-9ab)$

(5) $(-4ab) \div 2a^2b$

(6) $-21x^3y \div (-12x^2y^2)$

2 次の計算をしなさい。

(8点×8)

(1) $3xy \div \frac{3}{4}x$

(2) $-4a^2b \div \frac{a}{3}$

(3) $6t^3 \div \left(-\frac{8}{5}t^2\right)$

(4) $\frac{2}{3}xy^2 \div \left(-\frac{y}{9}\right)$

(5) $\frac{5}{6}bc^2 \div \frac{2}{3}b^2c$

(6) $-\frac{5}{3}m^2n \div \frac{7}{9}mn$

(7) $\left(-\frac{3}{4}ab^2\right) \div \left(-\frac{5}{6}a^2b\right)$

(8) $\frac{3}{2}x^3y \div \left(-\frac{9}{8}xy^2\right)$

得点UP

1 (1)わられる式を分子，わる式を分母にして約分する。

2 (1)わる式の逆数をかける形に直してから計算する。

No. 11

1　式の計算

単項式の乗除

点

合格点：76 点／100 点

1　次の計算をしなさい。

(8点×8)

(1) $a\times b^2\div ab$

(2) $12y^3\div(-3y)\div y$

(3) $-x^2y\div xy^2\times(-5x)$

(4) $3a\times(-4ab)\div(-9ab^2)$

(5) $2xy\div\frac{4}{5}x\times\frac{3}{5}y^2$

(6) $8a^4\div\left(-\frac{4}{3}a\right)\div\frac{3}{7}a^2$

(7) $9x^2y\times\frac{1}{6}y\div(-3xy^2)$

(8) $-\frac{4}{9}b\times\left(-\frac{3}{2}a^2b\right)\div\frac{a}{3}$

2　次の計算をしなさい。

(6点×6)

(1) $(-3x)^2\div(-x)$

(2) $-18x^2\div(-2x)\div(-3x)^3$

(3) $(-2a)^3\times(-a)\div 4a^2$

(4) $(-3ab)^2\div ab^2\times(-6b)$

(5) $(4x)^2\times\frac{5}{4}xy\div\left(-\frac{5}{3}y^2\right)$

(6) $(-xy)^3\div\frac{y^2}{3}\times\left(-\frac{2}{3}x\right)^2$

得点UP

1　(1)除法の部分をわる式の**逆数をかける形**にし，**乗法だけの式**に直してから計算する。

2　(1)累乗の部分が計算できるときは，まず**累乗の部分**を計算する。

START　GOAL

式の値

点

合格点：76 点／100 点

1 $x=3$，$y=-4$ のとき，次の式の値を求めなさい。 （6点×6）

(1) $2xy$

(2) $12-xy$

(3) $4x+3y$

(4) $3x-5y$

(5) $-x^2+8y$

(6) $5x-3y^2$

2 $a=-3$，$b=\frac{2}{3}$ のとき，次の式の値を求めなさい。 （8点×8）

(1) $3(a+2b)+(a-3b)$

(2) $(a-4b)-2(a+4b)$

(3) $2(3a-b)-4(a-5b)$

(4) $4(2a+3b)+3(-2a+b)$

(5) $9a^2b\div3a$

(6) $a\times(-2b)^2\div ab$

(7) $6a^2b\div(-2ab)\times b^2$

(8) $(-2a)^3\times(-b)^2\div4ab$

得点UP

1 (1)負の数を代入するときは，**かっこをつけて**代入する。

2 (1)**式を簡単にしてから**数を代入する。

式の代入

点

合格点：76 点／100 点

1 $A=x-y$，$B=2x+3y$ として，次の式を計算しなさい。（6点×6）

(1) $2A+B$

(2) $A-3B$

(3) $3A-2B$

(4) $4A+5B$

(5) $-2A+3B$

(6) $-5A-7B$

2 $A=3x+4y$，$B=2x-y$ として，次の式を計算しなさい。（8点×8）

(1) $2A-(A+B)$

(2) $A+(B-3A)$

(3) $-3B+(A+5B)$

(4) $B-2(2A-B)$

(5) $2(A+B)+3(A-B)$

(6) $4(A-B)-(2B-A)$

(7) $2(2A-B)+5B$

(8) $3(A+3B)-2(A+3B)$

得点UP

❶ (1)代入する式に**かっこをつけて**代入する。

❷ (1)もとの式を**簡単にしてから**，A，B の式を代入する。

等式の変形

点

合格点：76 点／100 点

1 次の等式を〔　〕の中の文字について解きなさい。（8点×8）

(1) $x+3y=4$　〔x〕

(2) $4a+b=-3$　〔b〕

(3) $ab=5$　〔a〕

(4) $3xy=-6$　〔y〕

(5) $3x+4y=7$　〔y〕

(6) $5a-3b=-8$　〔b〕

(7) $\dfrac{m}{3}+\dfrac{n}{4}=1$　〔m〕

(8) $\dfrac{x}{5}-\dfrac{y}{6}=2$　〔y〕

2 次の等式を〔　〕の中の文字について解きなさい。（6点×6）

(1) $S=\dfrac{1}{2}ab$　〔a〕

(2) $4x=\dfrac{y}{3}-2$　〔y〕

(3) $V=\dfrac{1}{3}\pi r^2 h$　〔h〕

(4) $y=\dfrac{5x+7}{6}$　〔x〕

(5) $a=\dfrac{b-5c}{4}$　〔b〕

(6) $m=\dfrac{2a+3b}{5}$　〔a〕

得点UP

1 (1)等式の性質を使って，(解く文字)＝〜の形に変形する。

2 (1)解く文字が右辺にあるので，まず，**左辺と右辺を入れかえる。**

No. 15

まとめテスト①

点

合格点：78 点／100 点

1　次の計算をしなさい。

（7点×6）

(1) $3x+4y-5x+6y$

(2) $(5a-6b)+(2a-3b)$

(3) $(20x^2-12x)\div(-4)$

(4) $2(3x+4y)-4(x-3y)$

(5) $a-\dfrac{2a-5b}{3}$

(6) $\dfrac{4x+3y}{6}+\dfrac{3x-2y}{4}$

2　次の計算をしなさい。

（7点×6）

(1) $(-5x)\times 3y$

(2) $(-2a)^2\times 4a$

(3) $14ab^3\div(-2ab^2)$

(4) $6x^3y^2\div\dfrac{3}{4}xy$

(5) $6xy^2\div(-9x^2y)\times 3x^2$

(6) $\dfrac{8}{3}a^3b\times 3b\div(-2ab)^2$

3　次の問いに答えなさい。

（8点×2）

(1) $a=-4$，$b=\dfrac{2}{3}$ のとき，$-(8a-7b)+2(5a+b)$の値を求めなさい。

(2) $3x-5y=2$ を，y について解きなさい。

START　GOAL

連立方程式とその解

点

合格点：80点／100点

1 次の2元1次方程式で，$x=2$，$y=3$ が解であるものはどれですか。すべて選び，記号で答えなさい。（20点）

ア．$x+3y=11$　**イ**．$3x+2y=13$　**ウ**．$4x-y=5$

エ．$5x-3y=2$　**オ**．$2x+5y=9$

2 次の□にあてはまる数を書きなさい。（5点×12）

(1) $x+y=7$ を成り立たせる x，y の値の組

x	1	2	3	4	5	
y						

(2) $x+2y=11$ を成り立たせる x，y の値の組

x	1	2	3	4	5	
y						

(3) 上の(1)，(2)の表から，連立方程式 $\begin{cases} x+y=7 \\ x+2y=11 \end{cases}$ の解は，

$x=$□，$y=$□

3 連立方程式 $\begin{cases} x+2y=10 \\ 2x-y=5 \end{cases}$ の解であるものを，次の**ア**～**ウ**から選んで，記号で答えなさい。（20点）

ア．$x=2$，$y=4$　**イ**．$x=4$，$y=3$　**ウ**．$x=3$，$y=1$

得点UP

1 それぞれの式に解の値を代入してみる。(左辺)＝(右辺)となれば，解である。

3 もとの連立方程式に x，y の値を代入して，**両方の式を成り立たせるもの**をさがす。

加減法による解き方(1)

点

合格点：80点／100点

1　次の連立方程式を，加減法を使って解きなさい。　(10点×6)

(1) $\begin{cases} x+2y=8 \\ x+y=5 \end{cases}$

(2) $\begin{cases} 2x-y=2 \\ -x+y=1 \end{cases}$

(3) $\begin{cases} 4x+2y=8 \\ 3x+2y=7 \end{cases}$

(4) $\begin{cases} 5x-y=8 \\ -5x+2y=-6 \end{cases}$

(5) $\begin{cases} 3x-5y=22 \\ -2x+5y=-18 \end{cases}$

(6) $\begin{cases} 7x-3y=-20 \\ 7x-4y=-22 \end{cases}$

2　次の連立方程式を，加減法を使って解きなさい。　(10点×4)

(1) $\begin{cases} x+y=7 \\ x-y=3 \end{cases}$

(2) $\begin{cases} x+y=1 \\ x-3y=9 \end{cases}$

(3) $\begin{cases} 4x+3y=-7 \\ -4x+y=-13 \end{cases}$

(4) $\begin{cases} 5x-3y=11 \\ 5x+4y=32 \end{cases}$

得点UP

1　(1)(上の式)－(下の式)で，yの値が求められる。　(2)(上の式)＋(下の式)で，xの値が求められる。

2　(1)(上の式)＋(下の式)で，yが消去できる。　(2)(上の式)－(下の式)で，xが消去できる。

加減法による解き方(2)

点

合格点：80 点／100 点

1 次の連立方程式を，加減法を使って解きなさい。（10点×4）

(1) $\begin{cases} 2x+3y=13 \\ x+y=5 \end{cases}$

(2) $\begin{cases} x+2y=8 \\ 5x-4y=12 \end{cases}$

(3) $\begin{cases} x+y=-1 \\ 4x+3y=-6 \end{cases}$

(4) $\begin{cases} 7x-8y=17 \\ 3x+2y=-9 \end{cases}$

2 次の連立方程式を，加減法を使って解きなさい。（10点×6）

(1) $\begin{cases} 3x-4y=-7 \\ 2x+3y=18 \end{cases}$

(2) $\begin{cases} 5x+2y=4 \\ 4x+3y=-1 \end{cases}$

(3) $\begin{cases} 4x+5y=-26 \\ -3x+7y=-2 \end{cases}$

(4) $\begin{cases} 6x+7y=24 \\ 8x-5y=-11 \end{cases}$

(5) $\begin{cases} 2x+9y=0 \\ 3x-6y=13 \end{cases}$

(6) $\begin{cases} 4x-9y=20 \\ 5x+6y=2 \end{cases}$

得点UP

1 (1)(上の式)－(下の式)×2 で，x を消去する。　(2)(上の式)×2＋(下の式)で，y を消去する。

2 (1)(上の式)×2－(下の式)×3 で，x を消去する。　(2)(上の式)×3－(下の式)×2 で，y を消去する。

代入法による解き方(1)

点

合格点：80 点／100 点

1 次の連立方程式を，代入法を使って解きなさい。 (10点×6)

(1) $\begin{cases} y=2x \\ x+y=6 \end{cases}$

(2) $\begin{cases} y=-3x \\ 2x-y=-5 \end{cases}$

(3) $\begin{cases} 3x+y=26 \\ x=4y \end{cases}$

(4) $\begin{cases} y=x+2 \\ 4x+y=17 \end{cases}$

(5) $\begin{cases} y=x-3 \\ 4x-y=12 \end{cases}$

(6) $\begin{cases} x+3y=14 \\ x=4-y \end{cases}$

2 次の連立方程式を，代入法を使って解きなさい。 (10点×4)

(1) $\begin{cases} y=x+3 \\ 3x+2y=16 \end{cases}$

(2) $\begin{cases} y=x-5 \\ x+3y=-7 \end{cases}$

(3) $\begin{cases} 2x-y=7 \\ x=y+2 \end{cases}$

(4) $\begin{cases} -3x+5y=39 \\ x=3-y \end{cases}$

得点UP

1 (1)上の式を下の式に代入して，y を消去する。 (3)下の式を上の式に代入して，x を消去する。

2 (1)上の式を下の式に代入して，y を消去する。 (3)下の式を上の式に代入して，x を消去する。

代入法による解き方(2)

点
合格点：80点／100点

1　次の連立方程式を，代入法を使って解きなさい。（10点×6）

(1) $\begin{cases} y=2x+1 \\ x+3y=17 \end{cases}$

(2) $\begin{cases} y=3x+2 \\ 5x-2y=-2 \end{cases}$

(3) $\begin{cases} 3x+2y=4 \\ y=2x-5 \end{cases}$

(4) $\begin{cases} x=2y+4 \\ 2x-3y=10 \end{cases}$

(5) $\begin{cases} x=3y+1 \\ 3x-5y=7 \end{cases}$

(6) $\begin{cases} -4x+5y=22 \\ x=5-4y \end{cases}$

2　次の連立方程式を，代入法を使って解きなさい。（10点×4）

(1) $\begin{cases} 2x+y=1 \\ 3x+2y=4 \end{cases}$

(2) $\begin{cases} x-3y=2 \\ 5x-8y=24 \end{cases}$

(3) $\begin{cases} 7x+3y=34 \\ x+5y=14 \end{cases}$

(4) $\begin{cases} 4x-5y=14 \\ -2x+y=-1 \end{cases}$

得点UP

1 (1)**上の式を下の式に代入**して，y を消去する。　(4)**上の式を下の式に代入**して，x を消去する。

2 (1)上の式を **y について解き**，それを**下の式に代入**して，y を消去する。

かっこのある連立方程式

点

合格点：80 点／100 点

1 次の連立方程式を解きなさい。

(10点×6)

(1) $\begin{cases} 2x+y=7 \\ x-3(x-y)=5 \end{cases}$

(2) $\begin{cases} 3x+2y=6 \\ x+2(2x-y)=26 \end{cases}$

(3) $\begin{cases} x-y=-1 \\ 2(x-2y)-x=-16 \end{cases}$

(4) $\begin{cases} 2(4x-y)+3y=12 \\ 3x-y=10 \end{cases}$

(5) $\begin{cases} 5x+3y=34 \\ 4x-5(y-3)=20 \end{cases}$

(6) $\begin{cases} 4x-7y=2 \\ 3(2x+3)+2y=-13 \end{cases}$

2 次の連立方程式を解きなさい。

(10点×4)

(1) $\begin{cases} 4(x+3)-y=12 \\ 3x+5(y-2)=13 \end{cases}$

(2) $\begin{cases} 4(x+2y)-3y=3 \\ 2x-3(x-y)=12 \end{cases}$

(3) $\begin{cases} 7x-4(x+y)=4 \\ 2x-3(y-4)=14 \end{cases}$

(4) $\begin{cases} 2(4x-5y)+5y=-1 \\ 4x-(7y-2x)=9 \end{cases}$

得点UP

1 (1)まず，分配法則を利用して，下の式のかっこをはずし，整理する。

2 (1)まず，両方の式のかっこをはずして整理する。

分数係数の連立方程式

点

合格点：80点／100点

1 次の連立方程式を解きなさい。

（10点×4）

(1) $\begin{cases} y=-3x+10 \\ \dfrac{x}{2}+\dfrac{y}{4}=2 \end{cases}$

(2) $\begin{cases} 2x+y=0 \\ \dfrac{2}{3}x-\dfrac{5}{6}y=7 \end{cases}$

(3) $\begin{cases} 4x-5y=-16 \\ \dfrac{1}{3}x-\dfrac{3}{4}y=-4 \end{cases}$

(4) $\begin{cases} 4x+y=-22 \\ \dfrac{4}{9}x+\dfrac{3}{2}y=\dfrac{1}{3} \end{cases}$

2 次の連立方程式を解きなさい。

（15点×4）

(1) $\begin{cases} \dfrac{x}{3}+\dfrac{y}{2}=2 \\ \dfrac{5}{6}x-\dfrac{3}{4}y=1 \end{cases}$

(2) $\begin{cases} \dfrac{3}{8}x+\dfrac{5}{4}y=\dfrac{7}{2} \\ \dfrac{5}{12}x+\dfrac{2}{3}y=1 \end{cases}$

(3) $\begin{cases} -\dfrac{5}{9}x+\dfrac{1}{6}y=-3 \\ \dfrac{7}{15}x+\dfrac{3}{5}y=4 \end{cases}$

(4) $\begin{cases} \dfrac{3}{4}x+\dfrac{2}{3}y=2 \\ \dfrac{7}{16}x+\dfrac{3}{4}y=-1 \end{cases}$

得点UP

1 (1)まず，下の式の両辺に**分母の最小公倍数**をかけて，分母をはらう。

2 (1)まず，両方の式の分母をはらう。**右辺にも分母の最小公倍数をかける**ことを忘れないように！

小数係数の連立方程式

点

合格点：80点／100点

1　次の連立方程式を解きなさい。

（10点×6）

(1) $\begin{cases} 0.1x=-0.3y+0.9 \\ 3x-y=7 \end{cases}$

(2) $\begin{cases} 0.2x+0.1y=1 \\ 8x+5y=38 \end{cases}$

(3) $\begin{cases} 2x+3y=1 \\ 0.5x+0.4y=-0.8 \end{cases}$

(4) $\begin{cases} 5x-2y=-4 \\ 0.7x-0.3y=-0.5 \end{cases}$

(5) $\begin{cases} 0.8x-0.5y=2 \\ 4x-3y=8 \end{cases}$

(6) $\begin{cases} 3x+y=9 \\ 0.2x-0.03y=0.89 \end{cases}$

2　次の連立方程式を解きなさい。

（10点×4）

(1) $\begin{cases} 0.5x-0.4y=-0.1 \\ 0.3x+0.1y=1.3 \end{cases}$

(2) $\begin{cases} 1.3x+y=3.6 \\ 0.17x-0.3y=0.04 \end{cases}$

(3) $\begin{cases} 0.2(x+3y)+0.7x=0 \\ 0.7x+0.4y=-0.2 \end{cases}$

(4) $\begin{cases} \dfrac{x}{4}+\dfrac{y}{3}=1 \\ 0.8x+0.7y=1 \end{cases}$

得点UP

1　(1)まず，上の式の両辺を10倍して，係数を整数にする。　(6)まず，下の式の両辺を100倍する。

2　(1)まず，両方の式を10倍する。　(3)上の式は，両辺を10倍してから，かっこをはずし整理する。

連立方程式の利用

点

合格点：75 点／100 点

1 次の問いに答えなさい。

（25点×3）

(1)　連立方程式 $\begin{cases} ax+4y=22 \\ 9x+by=7 \end{cases}$ の解が $x=3$，$y=4$ のとき，a，b の値を求めなさい。

(2)　連立方程式 $\begin{cases} ax+by=14 \\ bx+ay=-16 \end{cases}$ の解が $x=2$，$y=-3$ のとき，a，b の値を求めなさい。

(3)　連立方程式 $\begin{cases} ax-by=-12 \\ bx+ay=-34 \end{cases}$ の解が $x=-4$，$y=6$ のとき，a，b の値を求めなさい。

2 次の連立方程式 A，B が同じ解をもつとき，a，b の値を求めなさい。

（25点）

A $\begin{cases} 2x-y=8 \\ 3x+2y=5 \end{cases}$　　　B $\begin{cases} ax+by=23 \\ bx-ay=-2 \end{cases}$

得点UP

1 (2)解の値をもとの連立方程式に代入して，a，b **についての連立方程式**を解く。

2 A の解は B の解でもあるから，A の解を求めて B に代入し，a，b **についての連立方程式**を解く。

月　日

まとめテスト②

点

合格点：80点／100点

1 次の連立方程式を解きなさい。（10点×8）

(1) $\begin{cases} 4x+y=9 \\ 2x+y=5 \end{cases}$

(2) $\begin{cases} 3x-2y=5 \\ 4x+3y=18 \end{cases}$

(3) $\begin{cases} y=3x+1 \\ 5x-3y=1 \end{cases}$

(4) $\begin{cases} 2x=3y-30 \\ 2x=2-y \end{cases}$

(5) $\begin{cases} 3x+2y=18 \\ 3(x+2y)-2y=24 \end{cases}$

(6) $\begin{cases} 2(x+y)+5y=0 \\ 5x-4(x-y)=-1 \end{cases}$

(7) $\begin{cases} \dfrac{x}{3}+\dfrac{y}{5}=\dfrac{1}{15} \\ \dfrac{5}{6}x+\dfrac{3}{4}y=-\dfrac{7}{12} \end{cases}$

(8) $\begin{cases} 0.5x+0.2y=-2.2 \\ \dfrac{2}{3}x-\dfrac{1}{4}y=\dfrac{1}{6} \end{cases}$

2 連立方程式 $\begin{cases} y=ax+b \\ bx-ay=-26 \end{cases}$ の解が $x=2$，$y=5$ のとき，a，b の値を求めなさい。（20点）

月　日

1 次関数

点

合格点：76 点／100 点

1 次の変数 x，y の関係で，y が x の 1 次関数であるものはどれですか。すべて選び，記号で答えなさい。（40点）

ア．$y=4x+3$　　イ．$y=\dfrac{5}{x}$　　ウ．$y=\dfrac{x}{6}-1$

エ．$y=9x^2$　　オ．$x(y-8)=6$　　カ．$\dfrac{x+y}{3}=2$

2 次の問いに答えなさい。（12点×5）

(1) 次の各場合について，y を x の式で表しなさい。

① 縦 $x$cm，横 $y$cm の長方形の面積を20cm^2 とする。

② 底辺 8 cm，高さ $x$cm の三角形の面積を $y$cm^2 とする。

③ 10km の道のりを，毎時 $x$km の速さで歩くときの，かかる時間を y 時間とする。

④ 800m 離れたところへ行くのに，毎分60m の速さで x 分間歩いたときの残りの道のりを ym とする。

(2) (1)の①～④で，y が x の 1 次関数であるものはどれですか。すべて選び，番号で答えなさい。

得点UP

❶ $y=ax+b\ (a\neq0)$ の形になっていれば 1 次関数である。

❷ (1)公式やことばの式に x，y や数をあてはめて，$y=$～の形に表す。

START　GOAL

月　日

点

合格点：74点／100点

1次関数の値の変化

1 次の1次関数で，x の値が①，②のように増加したときの変化の割合を，それぞれ求めなさい。（12点×4）

(1) $y=3x+5$

① 1から6まで　　② -6 から -3 まで

(2) $y=-2x+3$

① 2から4まで　　② -3 から3まで

2 次の1次関数で，x の値が①，②のように増加したときの y の増加量を，それぞれ求めなさい。（13点×4）

(1) $y=4x-2$

① x が2増加　　② x が -3 増加

(2) $y=-\frac{1}{2}x+8$

① x が6増加　　② x が -8 増加

得点UP

1 (1)(変化の割合)＝(y の増加量)÷(x の増加量)である。

2 (1)(y の増加量)＝(変化の割合)×(x の増加量)で，$y=ax+b$ の変化の割合は，x の係数 a に等しい。

1 次関数の式(1)

月　日

点

合格点： 76 点 ／ 100 点

1 次の条件を満たす 1 次関数の式を求めなさい。 (12点×5)

(1) 変化の割合が-2で，$x=0$のとき$y=5$である。

(2) 変化の割合が 3 で，$x=2$のとき$y=2$である。

(3) 変化の割合が-4で，$x=-3$のとき$y=15$である。

(4) 変化の割合が$\frac{3}{4}$で，$x=8$のとき$y=9$である。

(5) 変化の割合が$-\frac{1}{3}$で，$x=-6$のとき$y=0$である。

2 次の問いに答えなさい。 (20点×2)

(1) 変化の割合が 4 で，$x=2$のとき$y=-3$である 1 次関数がある。$x=5$のときのyの値を求めなさい。

(2) 変化の割合が$-\frac{3}{2}$で，$x=4$のとき$y=3$である 1 次関数がある。$y=-3$のときのxの値を求めなさい。

得点UP

❶ (1)$y=ax+b$で，変化の割合が-2だから，$y=-2x+b$とおける。
❷ (1)まず，変化の割合と対応するx，yの値から，1 次関数の式を求める。

1 次関数の式(2)

月　日

点

合格点：76 点／100 点

1 次の条件を満たす 1 次関数の式を求めなさい。 (12点×5)

(1) $x=0$ のとき $y=3$，$x=4$ のとき $y=11$ である。

(2) $x=2$ のとき $y=-1$，$x=5$ のとき $y=8$ である。

(3) $x=-2$ のとき $y=17$，$x=3$ のとき $y=-3$ である。

(4) $x=-3$ のとき $y=-9$，$x=3$ のとき $y=1$ である。

(5) $x=-4$ のとき $y=5$，$x=8$ のとき $y=-4$ である。

2 次の問いに答えなさい。 (20点×2)

(1) $x=2$ のとき $y=2$，$x=5$ のとき $y=-7$ である 1 次関数がある。$x=4$ のときの y の値を求めなさい。

(2) $x=3$ のとき $y=-1$，$x=9$ のとき $y=7$ である 1 次関数がある。$y=-13$ のときの x の値を求めなさい。

得点UP

1 (2) $y=ax+b$ に対応する 2 組の x，y の値を代入して，a，b についての連立方程式を解く。

2 (1)まず，$y=ax+b$ に対応する 2 組の x，y の値を代入して，1 次関数の式を求める。

直線の式(1)

点

合格点：76 点／100 点

1 次の直線の傾きと切片を答えなさい。 (10点×4)

(1) $y=5x-4$

① 傾き　　② 切片

(2) $y=-\frac{5}{2}x+9$

① 傾き　　② 切片

2 次の直線の式を求めなさい。 (12点×5)

(1) 傾きが3で，点(1, 7)を通る直線

(2) 傾きが$-\frac{1}{2}$で，点(4, 3)を通る直線

(3) 点(3, −5)を通り，直線$y=-4x-1$に平行な直線

(4) 切片が2で，点(−2, 12)を通る直線

(5) 切片が−3で，点(−4, −6)を通る直線

得点UP

1 (1)直線$y=ax+b$で，aが傾き，bが切片である。

2 (1)$y=ax+b$に傾きと通る点の座標の値を代入する。 (4)$y=ax+b$に切片と通る点の座標の値を代入する。

月　日

直線の式(2)

点

合格点：76 点／100 点

1 次の２点を通る直線の式を求めなさい。 (12点×5)

(1) $(0,\ 3)$，$(3,\ 18)$

(2) $(2,\ 1)$，$(4,\ -7)$

(3) $(-2,\ -17)$，$(3,\ 13)$

(4) $(-3,\ 2)$，$(9,\ 10)$

(5) $(-8,\ 8)$，$(8,\ -12)$

2 次の問いに答えなさい。 (20点×2)

(1) ２点$(1,\ -3)$，$(3,\ 3)$を通る直線がある。この直線は，点$(5,\ m)$を通るという。mの値を求めなさい。

(2) ３点$(-2,\ 14)$，$(4,\ -16)$，$(n,\ 19)$は同じ直線上にあるという。nの値を求めなさい。

得点UP

1 (2) $y=ax+b$ に通る２点の座標の値を代入して，a，b についての連立方程式を解く。

2 (1)まず，$y=ax+b$ に通る２点の座標の値を代入して，直線の式を求める。

START　GOAL

1 次関数と方程式

点
合格点：80 点／100 点

1 次の2元1次方程式のグラフの傾きと切片を答えなさい。 (10点×4)

(1)　$3x+4y=8$

①　傾き　　　　　　②　切片

(2)　$5x-3y=-9$

①　傾き　　　　　　②　切片

2 右のグラフを見て，次の問いに答えなさい。 (10点×3)

(1)　直線①の式を求めなさい。

(2)　直線②の式を求めなさい。

(3)　直線①，②の交点の座標を求めなさい。

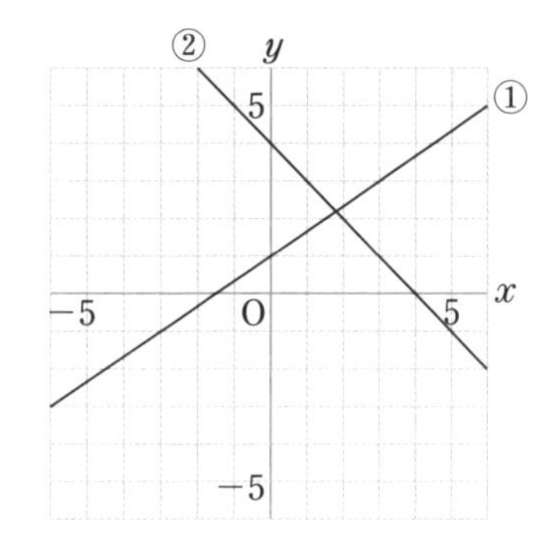

3 次の方程式①，②のグラフの交点の座標を求めなさい。 (15点×2)

(1)　$4x+3y=20$ …①　　　$-2x+5y=16$ …②

(2)　$5x-6y=6$ …①　　　$x+2y=-8$ …②

得点UP

1 (1)2元1次方程式 $ax+by=c$ のグラフは**直線**になるから，式を **$y=$〜の形**に変形して考える。
2 (3)交点の座標は，直線①，②の式を成り立たせるから，2つの式を**連立方程式**として解けばよい。

月　日

点

合格点：80点／100点

まとめテスト③

1 次の条件を満たす1次関数の式を求めなさい。（10点×4）

(1) 変化の割合が5で，$x=4$ のとき $y=18$ である。

(2) $x=-3$ のとき $y=24$ で，x が2増加すると y は14減少する。

(3) $x=-4$ のとき $y=-13$，$x=8$ のとき $y=2$ である。

(4) $x=-2$ のとき $y=3$，$x=7$ のとき $y=-3$ である。

2 次の直線の式を求めなさい。（10点×4）

(1) 傾きが-6で，点$(2,\ -7)$を通る直線

(2) 点$(4,\ 6)$を通り，$y=3x+4$ に平行な直線

(3) 切片が7で，点$(-6,\ 10)$を通る直線

(4) 2点$(-3,\ -10)$，$(6,\ 11)$を通る直線

3 2元1次方程式 $4x-3y=18$，$x-3y=9$，$ax+y=10$ のグラフが同じ点で交わるとき，a の値を求めなさい。（20点）

多角形の角(1)

点

合格点：72点／100点

1 次の問いに答えなさい。 (14点×3)

(1) 九角形の内角の和は何度ですか。

(2) 正十五角形の1つの内角の大きさは何度ですか。

(3) 内角の和が1980°である多角形は何角形ですか。

2 右の図の五角形ABCDEは正五角形である。次の角の大きさを求めなさい。 (14点×2)

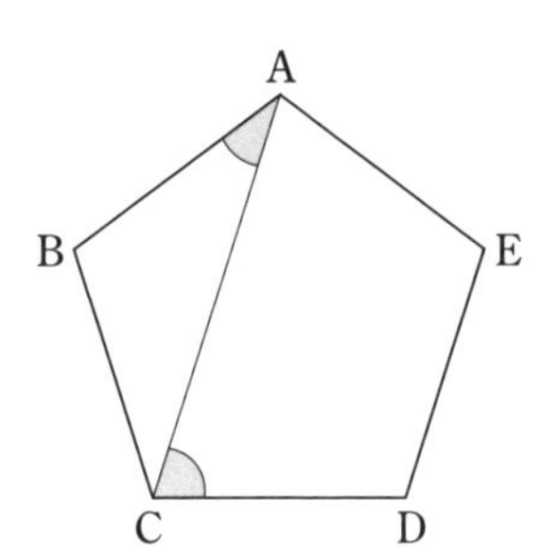

(1) ∠BAC

(2) ∠ACD

3 次の図で，$\angle x$ の大きさを求めなさい。 (15点×2)

(1)

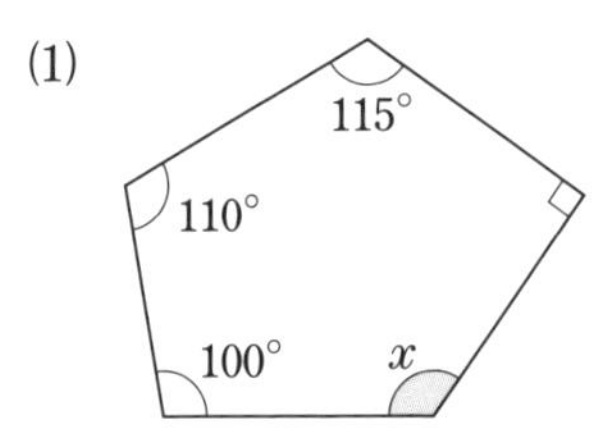

(2)

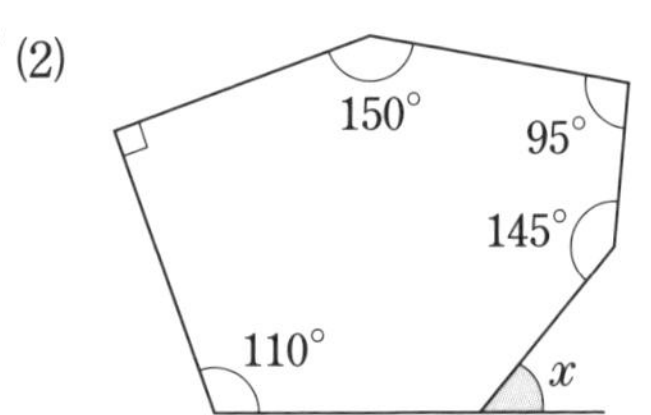

得点UP

1 (1) n 角形の内角の和は，$180° \times (n-2)$ である。

3 (2) まず，六角形の内角の和から，$\angle x$ のとなりの六角形の内角の大きさを求める。

月　日

点

合格点：72 点／100 点

多角形の角(2)

1 次の問いに答えなさい。（14点×5）

(1)　十五角形の外角の和は何度ですか。

(2)　正十角形の１つの外角の大きさは何度ですか。

(3)　１つの外角が20°である正多角形は正何角形ですか。

(4)　正九角形の１つの外角と内角の比を，最も簡単な整数の比で表しなさい。

(5)　１つの外角と内角の比が１：11 である正多角形は正何角形ですか。

2 次の図で，$\angle x$ の大きさを求めなさい。（15点×2）

(1)

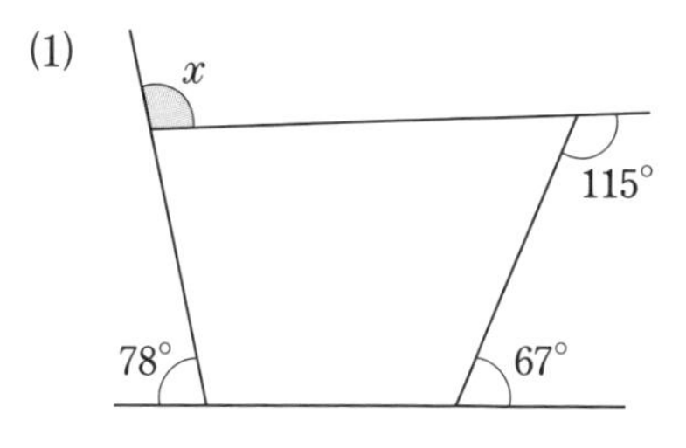

(2)

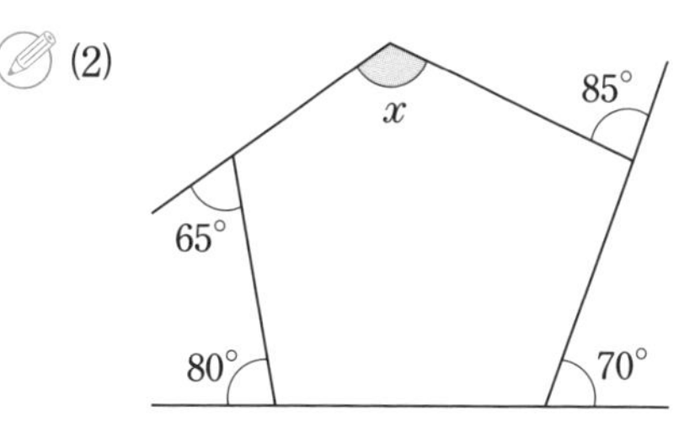

得点UP

1 (2)多角形の外角の和は360°で，正多角形の**外角はすべて等しい**。(4)(5)１つの外角と内角の和は180°

2 (2)まず，$\angle x$ のとなりの外角の大きさを求める。

START　GOAL

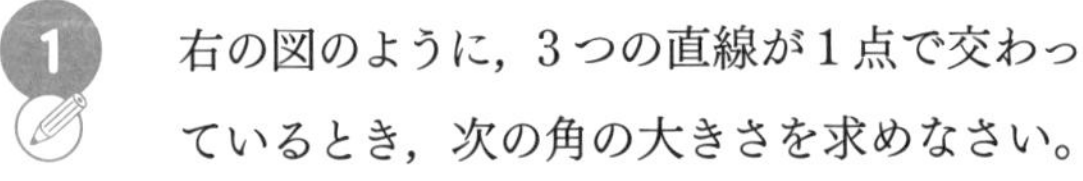

平行線と角(1)

点

合格点：76 点／100 点

1 右の図のように，3 つの直線が 1 点で交わっているとき，次の角の大きさを求めなさい。 （10点×4）

(1) $\angle a$

(2) $\angle b$

(3) $\angle c$

(4) $\angle d$

2 右の図のように，4 つの直線が 1 点で交わっているとき，$\angle x+\angle y+\angle z$ の大きさを求めなさい。 （12点）

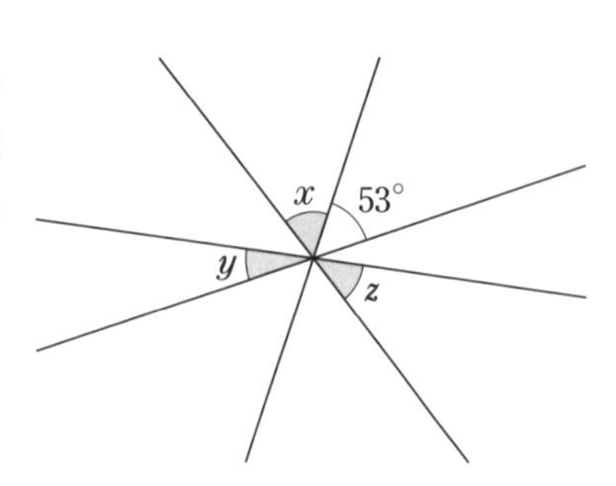

3 右の図で，$\ell /\!/ m$，$p /\!/ q$ のとき，次の角の大きさを求めなさい。 （12点×4）

(1) $\angle a$

(2) $\angle b$

(3) $\angle c$

(4) $\angle d$

得点UP

1 **対頂角が等しい**ことと，一直線の角は180°であることを利用する。

3 (3)(4)平行線の**同位角・錯角が等しい**ことと，一直線の角が180°であることを利用する。

平行線と角(2)

月　日

点

合格点：80 点／100 点

1 次の図で，$\ell /\!/ m$ のとき，$\angle x$ の大きさを求めなさい。（15点×4）

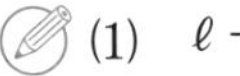
(1)

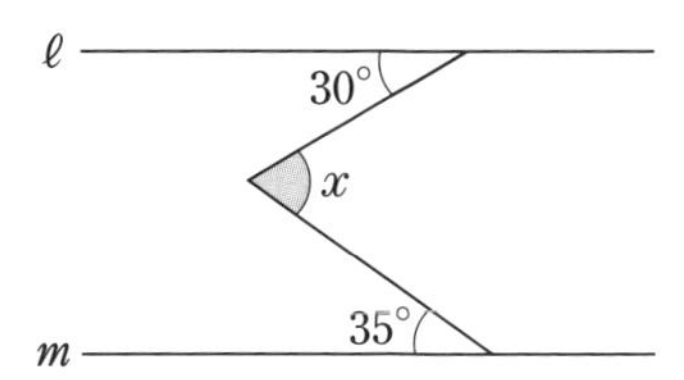

(2)

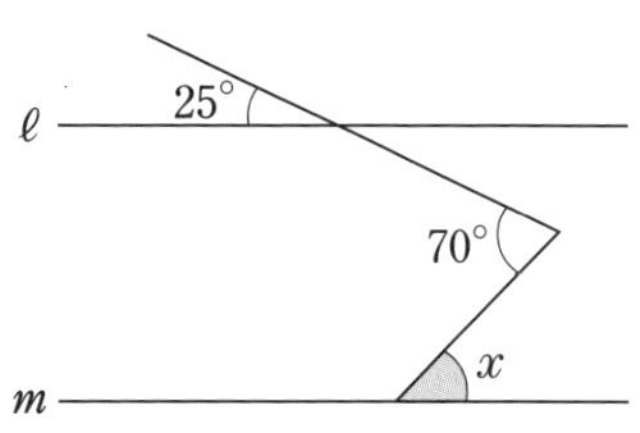

(3)

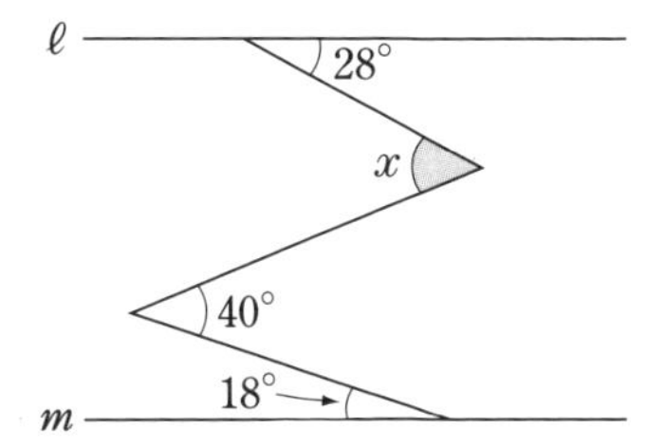

(4)

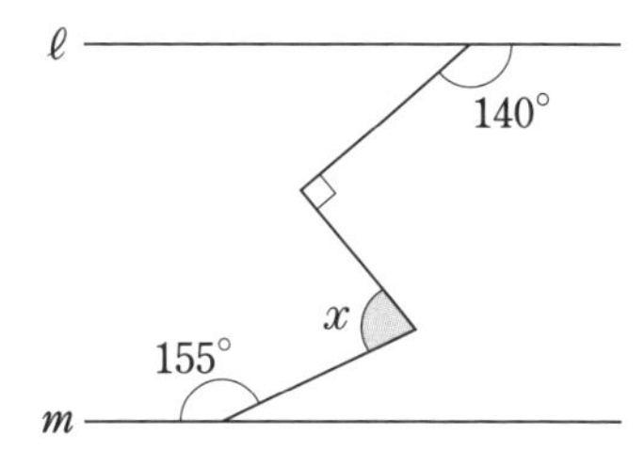

2 次の図で，$\ell /\!/ m$ のとき，$\angle x$ の大きさを求めなさい。（20点×2）

(1)

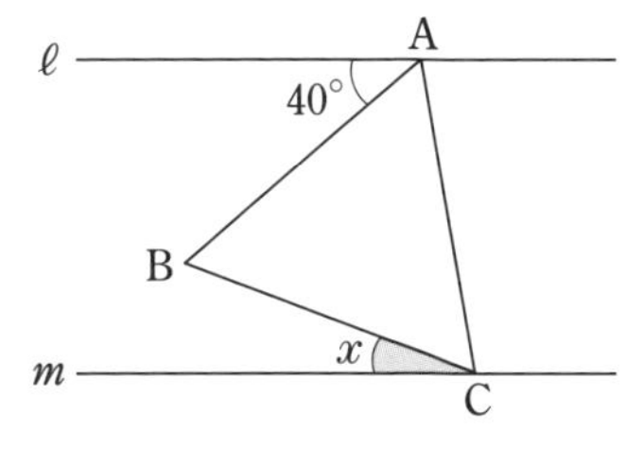

（△ABCは正三角形）

(2)

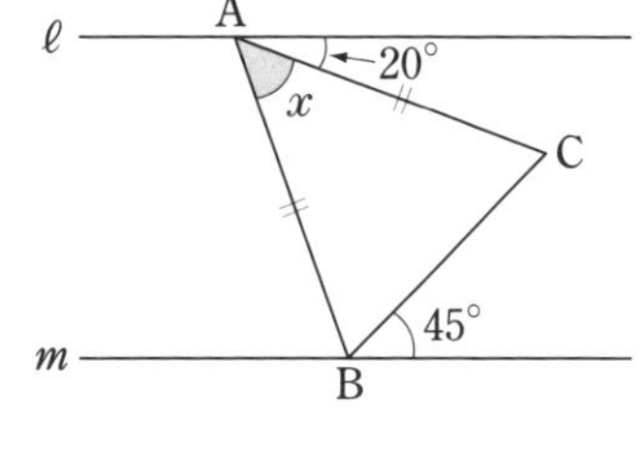

（△ABCは二等辺三角形）

得点UP

1 (1)角の頂点を通り，ℓ，m に**平行な直線**をひき，**錯角が等しい**ことを利用する。

2 (2)点 C を通り，ℓ，m に**平行な直線**をひき，まず**∠ACB** の大きさを求める。

三角形の角

月　日

点

合格点：80 点／100 点

1 次の図で，$\angle x$ の大きさを求めなさい。（15点×4）

(1)
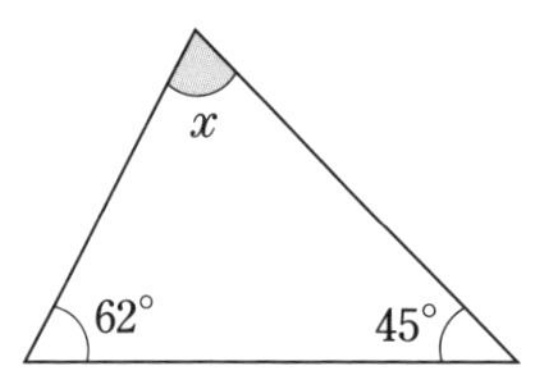

(2)

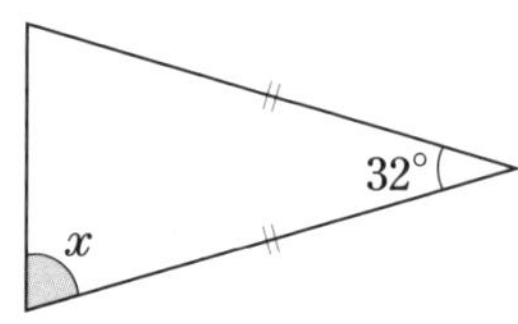

(3)
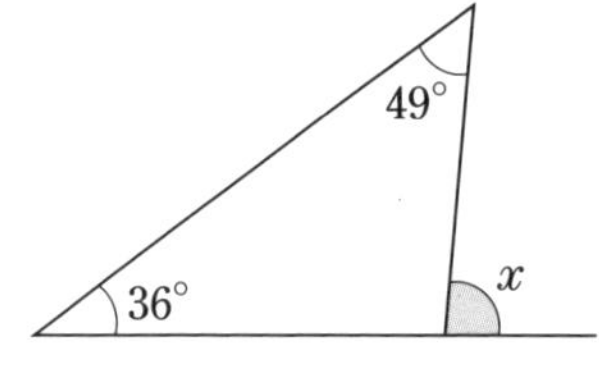

(4)
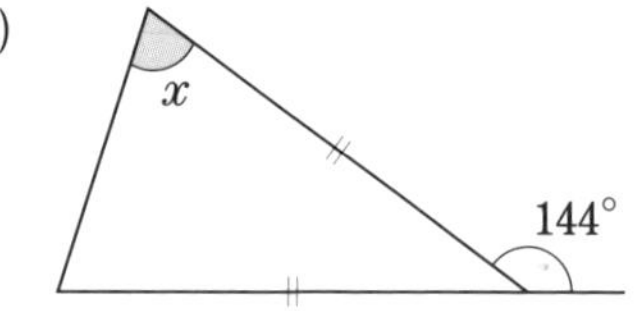

2 次の図で，$\angle x$ の大きさを求めなさい。（20点×2）

(1)
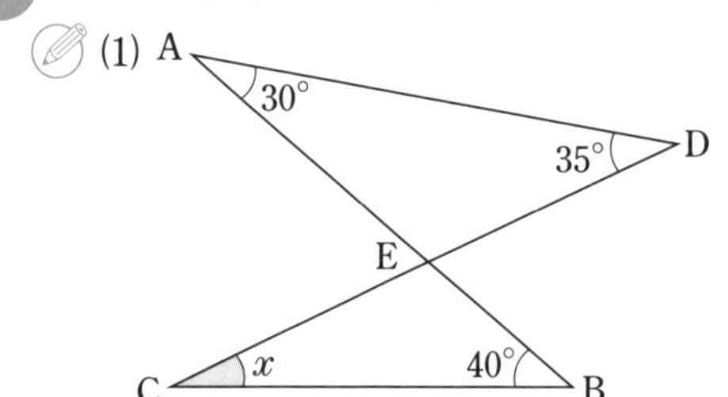

(2)
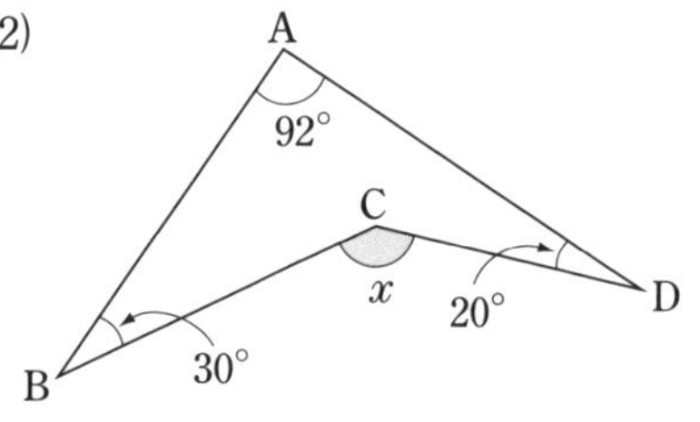

得点UP

❶ (3)三角形の外角は，それと**となり合わない 2 つの内角の和に等しい。**

❷ (1)△AED と△BEC で，**外角の性質**を利用する。　(2)BC を延長して，**2 つの三角形に分けて**考える。

START　GOAL

四角形の角

月　日

点

合格点：82 点／100 点

1 次の四角形 ABCD は，どれも平行四辺形である。∠x の大きさを求めなさい。

（16点×4）

(1)

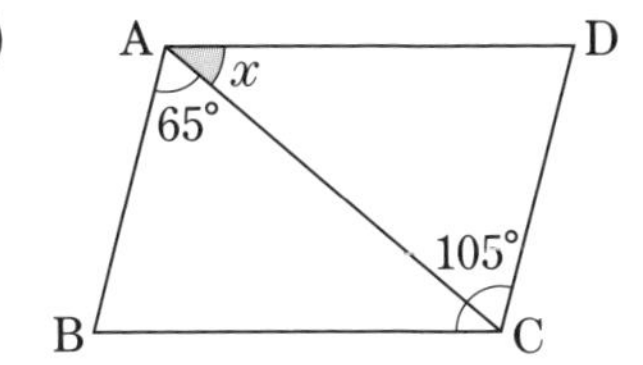

(2)

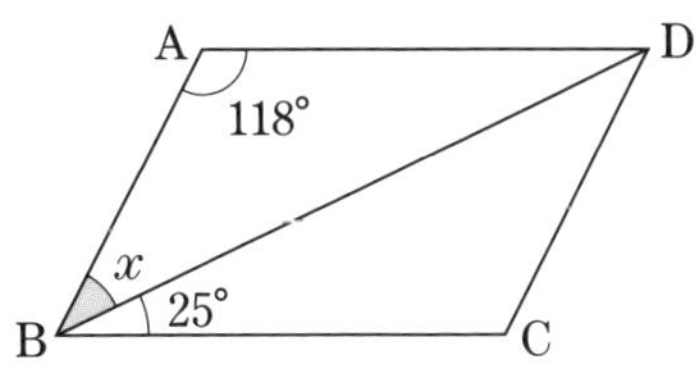

(3)

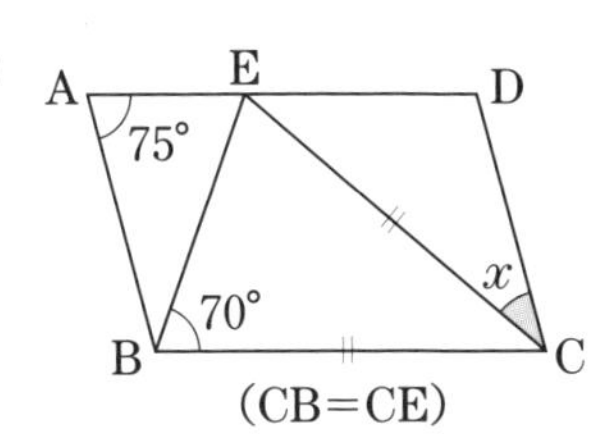

(4)

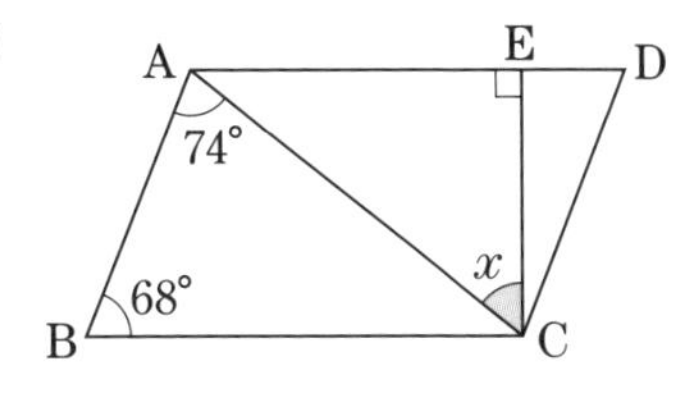

2 次の四角形 ABCD は，どちらもひし形である。∠x の大きさを求めなさい。

（18点×2）

(1)

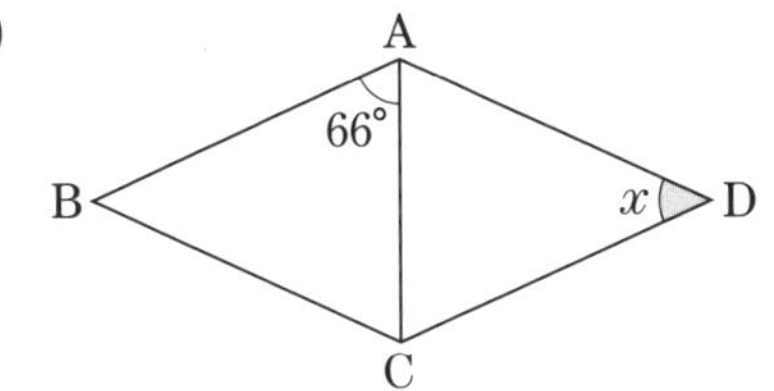

(2)

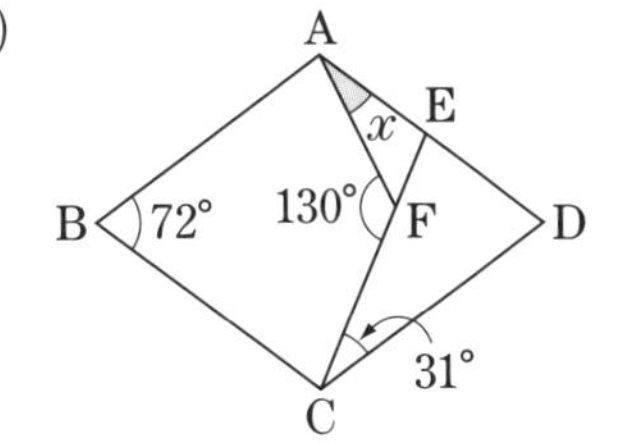

得点UP

❶ (1)平行四辺形の**対角は等しい**。　(2)平行四辺形の**対辺は平行**であるから，**平行線の錯角**が使える。

❷ ひし形の**4つの辺の長さは等しい**。ひし形は平行四辺形の特別な場合だから，**平行四辺形の性質**も使える。

まとめテスト④

月　　日

点

合格点：72点／100点

1 次の問いに答えなさい。　(14点×2)

(1)　正八角形の１つの内角の大きさは何度ですか。

(2)　１つの外角が24°である正多角形は正何角形ですか。

2 次の図で，$\ell \parallel m$ のとき，$\angle x$ の大きさを求めなさい。　(14点×2)

(1)

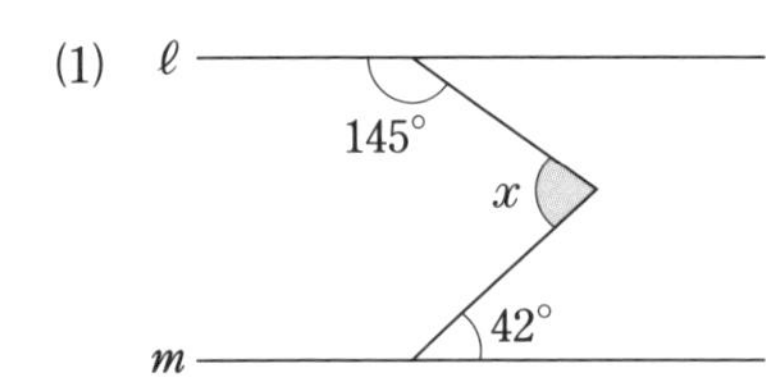

(2)

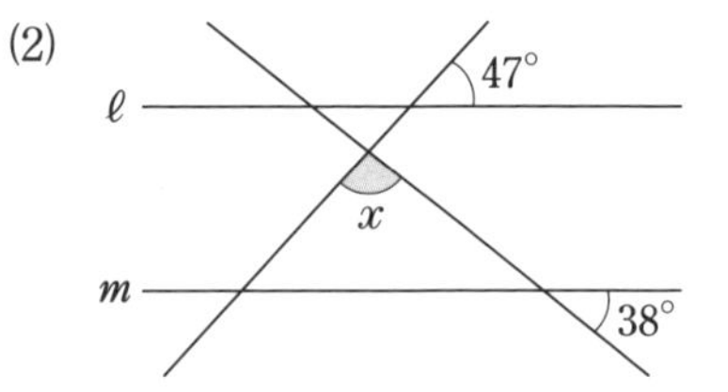

3 右の図の△ABC は，AB＝AC の二等辺三角形である。$\angle x$ の大きさを求めなさい。　(14点)

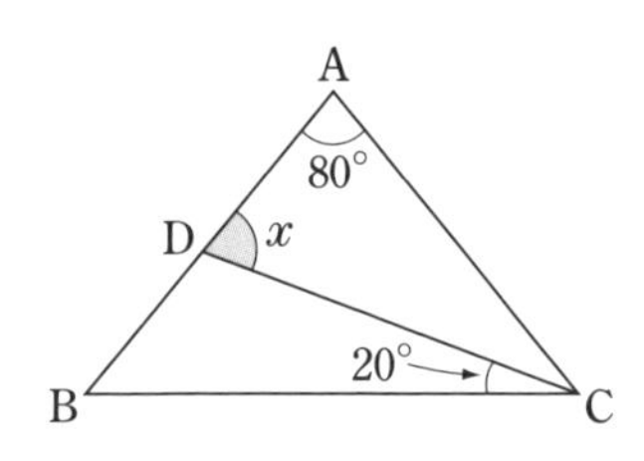

4 右の図の四角形 ABCD は平行四辺形で，線分 BE は∠B の二等分線である。$\angle x$，$\angle y$ の大きさを求めなさい。　(15点×2)

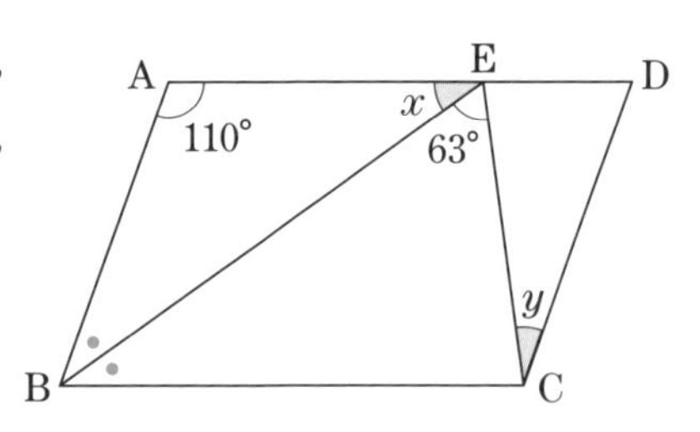

確率(1)

点

合格点：75 点／100 点

1 1から10までの数字が1つずつ書かれた10枚のカードがある。このカードをよくきって1枚ひくとき，次の問いに答えなさい。（12点×4）

(1) 起こりうる場合の数は，全部で何通りありますか。

(2) カードに書かれた数が3である確率を求めなさい。

(3) カードに書かれた数が5の倍数である確率を求めなさい。

(4) カードに書かれた数が7以上である確率を求めなさい。

2 袋の中に，赤玉3個，青玉7個，白玉2個が入っている。この袋の中から玉を1個取り出すとき，次の問いに答えなさい。（13点×4）

(1) 玉の取り出し方は，全部で何通りありますか。

(2) 取り出した玉が赤玉である確率を求めなさい。

(3) 取り出した玉が白玉である確率を求めなさい。

(4) 取り出した玉が青玉か白玉である確率を求めなさい。

得点UP

1 (3)5の倍数になるのは，5，10の**2通り**。　(4)7以上になるのは，7，8，9，10の**4通り**。

2 (1)同じ色の玉でも，それぞれの玉を**区別して**考える。

確率(2)

点

合格点：72 点 ／ 100 点

1 3枚の硬貨を同時に投げるとき，表と裏の出方について，次の問いに答えなさい。 (10点×3)

(1) 起こりうる場合の数は，全部で何通りありますか。

(2) 3枚とも表が出る確率を求めなさい。

(3) 1枚が表で2枚が裏が出る確率を求めなさい。

2 大小2つのさいころを同時に投げるとき，次の確率を求めなさい。 (14点×5)

(1) 目の数の和が9になる確率

(2) 目の数の和が4以下になる確率

(3) 目の数の和が1になる確率

(4) 目の数の和が12以下になる確率

(5) 大きいさいころの出る目の数が，小さいさいころの出る目の数より2大きくなる確率

得点UP

1 (1)3枚の硬貨を区別して，表と裏についての樹形図をかく。

2 (3)目の数の和が1になる場合はない。 (4)目の数の和は12が最大である。

確率(3)

点

合格点：76 点／100 点

1 5本のうち2本の当たりくじが入っているくじがある。A，Bの2人が，この順に1本ずつくじをひくとき，次の問いに答えなさい。（12点×4）

(1) 起こりうる場合の数は，全部で何通りありますか。

(2) Aが当たる確率を求めなさい。

(3) AもBも当たる確率を求めなさい。

(4) 少なくともA，Bどちらかが当たる確率を求めなさい。

2 6本のうち2本の当たりくじが入っているくじがある。このくじを1本ずつ続けて2回ひくとき，1回めに当たり，2回めにはずれる確率を求めなさい。ただし，1回めのあと，ひいたくじをもどして2回めをひくことにする。（16点）

3 袋の中に，白玉2個と赤玉3個が入っている。この袋の中から，同時に玉を2個取り出すとき，次の確率を求めなさい。（18点×2）

(1) 白玉と赤玉が1個ずつである確率

(2) 2個とも赤玉である確率

得点UP

❶ (1)当たりくじ2本とはずれくじ3本をそれぞれ区別して考える。

❷ くじをもどすのだから，起こりうるすべての場合の数は，6×6＝36(通り)

確率(4)

点

合格点：75 点 ／ 100 点

1 ジョーカーを除く1組52枚のトランプのカードをよくきって，そこから1枚をひくとき，次の問いに答えなさい。（12点×4）

(1) ひき方は，全部で何通りありますか。

(2) ひいたカードがダイヤである確率を求めなさい。

(3) ひいたカードがキングである確率を求めなさい。

(4) ひいたカードがキングでない確率を求めなさい。

2 1，3，5，7の数字が1つずつ書かれた4枚のカードがある。このカードをよくきってから続けて2枚ひき，1枚めを十の位，2枚めを一の位として，2けたの整数をつくるとき，次の問いに答えなさい。（13点×4）

(1) 2けたの整数は，全部で何通りできますか。

(2) できた整数が5の倍数になる確率を求めなさい。

(3) できた整数が40以上になる確率を求めなさい。

(4) できた整数が17の倍数にならない確率を求めなさい。

得点UP

1 (4)(キングでない確率)＝1－(キングである確率)を利用する。

2 (4)(17の倍数にならない確率)＝1－(17の倍数になる確率)を利用する。

確率(5)

点

合格点：76 点／100 点

1 100円，50円，10円，5円の硬貨が1枚ずつある。これを同時に投げるとき，次の問いに答えなさい。 (12点×4)

(1) 表と裏の出方は，全部で何通りありますか。

(2) 4枚とも表になる確率を求めなさい。

(3) 4枚のうち，少なくとも1枚は表となる確率を求めなさい。

(4) 表が出た硬貨の合計金額が150円以上になる確率を求めなさい。

2 A，B，Cの3人の男子，D，E，F，Gの4人の女子の卓球(たっきゅう)部員の中から，男女1人ずつを選んでダブルスのチームをつくる。次の問いに答えなさい。 (12点×3)

(1) 組み合わせ方は，全部で何通りありますか。

(2) Aが選ばれる確率を求めなさい。

(3) Dが選ばれる確率を求めなさい。

3 大小2つのさいころを投げて，大きいさいころの出た目の数をx，小さいさいころの出た目の数をyとする。このとき，$3x+y=10$が成り立つ確率を求めなさい。 (16点)

得点UP

1 (3)「少なくとも1枚は表となる」場合とは，「**4枚とも裏にならない**」場合である。

2 (1)男子の選び方は**3通り**で，そのおのおのについて，女子の選び方は**4通り**ある。

まとめテスト⑤

点

合格点：76 点／100 点

1 1から5までの数字が1つずつ書かれた5枚のカードがある。このカードから，1枚ずつ2回続けてひき，ひいた順に並べて2けたの整数をつくる。次の確率を求めなさい。（12点×2）

(1)　できた整数が20以下になる確率

(2)　できた整数が3の倍数になる確率

2 2枚のコインを同時に投げるとき，表と裏の出方について，次の確率を求めなさい。（12点×2）

(1)　1枚が表で1枚が裏が出る確率

(2)　少なくとも1枚は裏が出る確率

3 大小2つのさいころを同時に投げるとき，次の確率を求めなさい。（12点×2）

(1)　目の数の積が6になる確率

(2)　目の数の積が4以下になる確率

4 8本のうち3本の当たりくじが入っているくじがある。次の確率を求めなさい。（14点×2）

(1)　このくじを1本ひいたとき，はずれる確率

(2)　A，Bの2人がこの順に1本ずつくじをひくとき，2人とも当たる確率

箱ひげ図

点
合格点：80点／100点

1 次のデータは，生徒15人の50m走の記録である。次の問いに答えなさい。

((1)(2)15点×4(3)(4)20点×2)

7.5	7.8	7.1	7.1	6.6	8.2	6.9	7.0	8.8	6.8
7.3	7.5	8.0	7.4	7.9	(秒)				

(1)　四分位数（しぶんいすう）を求めなさい。

(2)　四分位範囲（はんい）を求めなさい。

(3)　箱ひげ図をかきなさい。

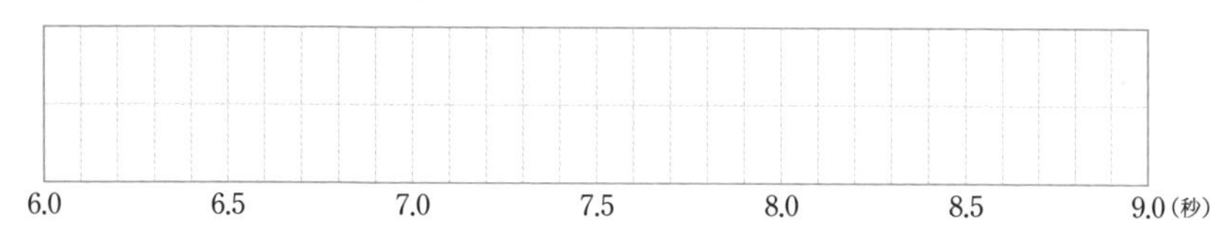

(4)　この箱ひげ図に対応しているヒストグラムを，下の㋐～㋒の中から選びなさい。

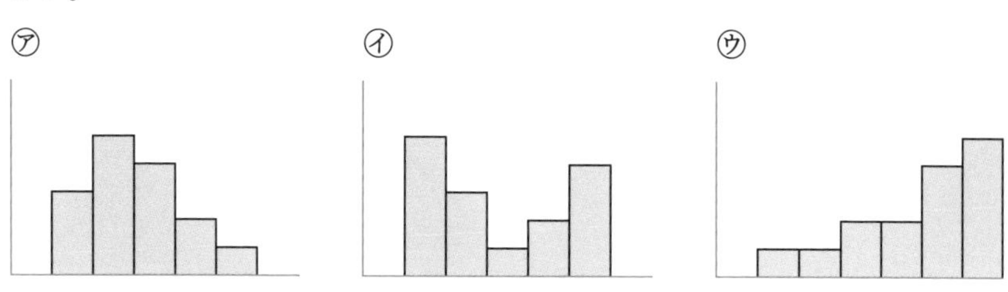

得点UP

1 (2)四分位範囲＝第3四分位数－第1四分位数

まとめテスト⑥

点

合格点：70点／100点

1 右のデータは，生徒10人が1か月に読んだ本の冊数を表した箱ひげ図である。下の表の㋐〜㋔にあてはまる数を答えなさい。

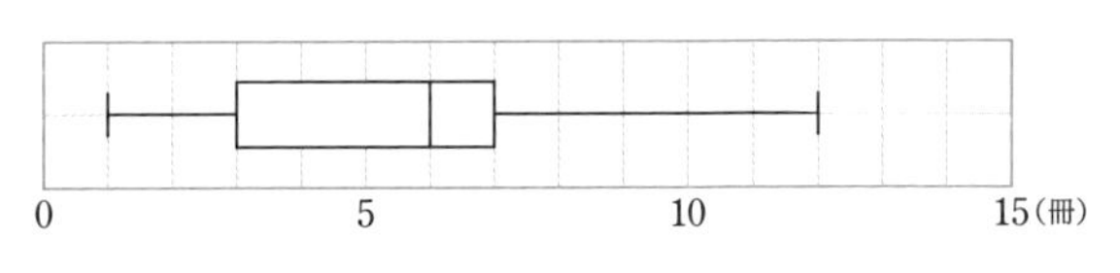

（10点×5）

（単位：冊）

最小値	第1四分位数	第2四分位数（中央値）	第3四分位数	最大値
㋐	㋑	㋒	㋓	㋔

2 次のデータは，20人の生徒に行った10点満点の漢字のテストの結果である。次の問いに答えなさい。

（(1)(2)15点×2 (3)20点）

10	9	9	3	5	5	7	7	8	8	
8	7	8	10	6	6	8	10	9	6	（点）

(1)　四分位数を求めなさい。

(2)　四分位範囲を求めなさい。

(3)　箱ひげ図をかきなさい。

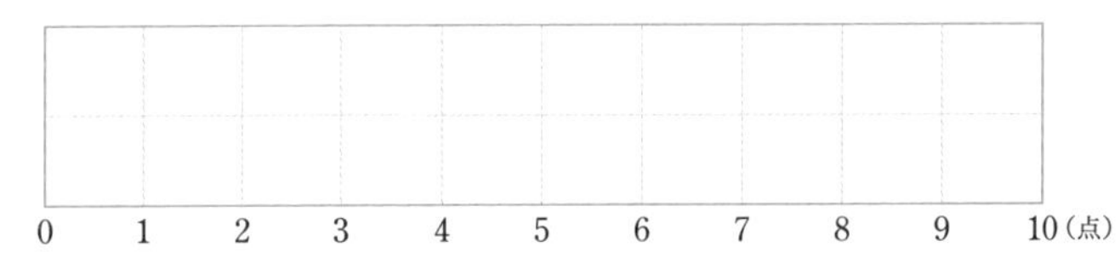

総復習テスト①

月　日

点

目標時間：20 分　　合格点：80 点／100 点

1 次の計算をしなさい。（4点×6）

(1) $(5x-8y)-(3x+5y)$

(2) $(15a^2-9a)\div(-3)$

(3) $2(4a+3b)+4(a-2b)$

(4) $\dfrac{x+3y}{4}-\dfrac{2x-y}{3}$

(5) $(-m)\times(-3m)^2$

(6) $8xy^2\div(-2xy)^2\times(-x)^2$

2 次の連立方程式を解きなさい。（6点×2）

(1) $\begin{cases} y=2x-3 \\ 5x-2y=10 \end{cases}$

(2) $\begin{cases} 8x+3y=18 \\ 7x-2y=25 \end{cases}$

3 連立方程式 $\begin{cases} ax-by=-2 \\ bx+ay=11 \end{cases}$ の解が $x=2$，$y=-1$ のとき，a，b の値を求めなさい。（6点）

4 1次関数 $y=-4x+7$ について，次の問いに答えなさい。（5点×2）

(1) $x=-3$ のときの y の値を求めなさい。

(2) x の値が8だけ増加したときの y の増加量を求めなさい。

裏面へ

5 次の条件を満たす1次関数の式を求めなさい。 (6点×3)

(1) $x=6$ のとき $y=4$ で，x が3増加すると y は5増加する。

(2) グラフが2点(3, 7)，(−5, −17)を通る。

(3) グラフが点(2, −5)を通り，直線 $y=-4x+7$ に平行である。

6 右の図で，$\ell \parallel m$ のとき，$\angle x$，$\angle y$ の大きさを求めなさい。 (5点×2)

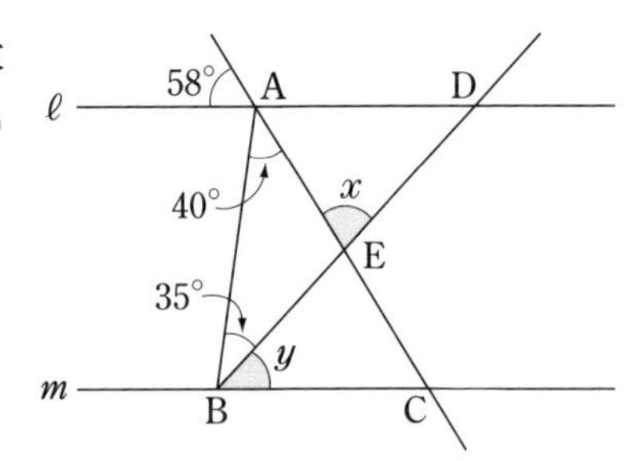

7 右の図で，四角形ABCDはひし形，△ABEは正三角形である。∠DFC=78°のとき，$\angle x$，$\angle y$ の大きさを求めなさい。 (5点×2)

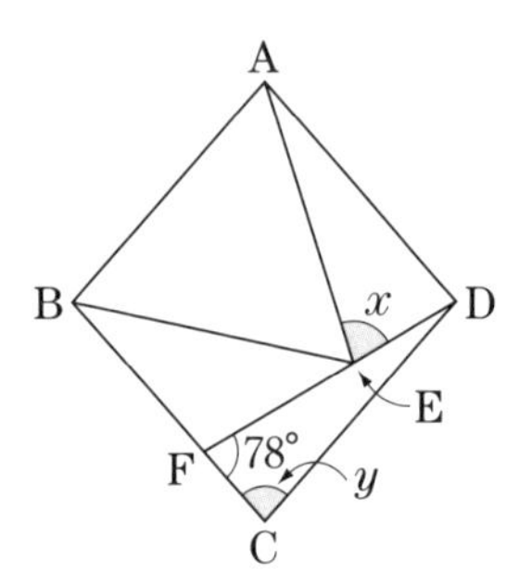

8 次の問いに答えなさい。 (5点×2)

(1) 袋の中に，赤玉4個，青玉2個，白玉3個が入っている。この袋から玉を1個取り出すとき，赤玉または青玉が出る確率を求めなさい。

(2) A，B，C，Dの4人が一列に並ぶとき，AとDが両端にくる確率を求めなさい。

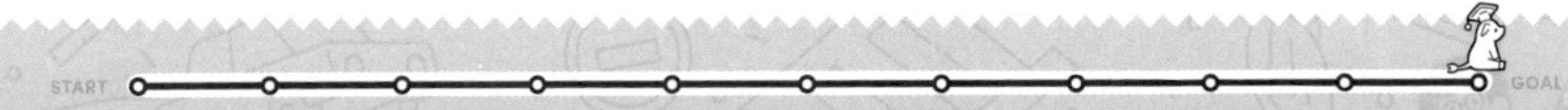

月　日

総復習テスト②

点

目標時間：20 分　合格点：80 点／100 点

1 次の計算をしなさい。（4点×6）

(1) $-(2a-5b)+(3b-4a)$

(2) $(28x^2-12x+20)\div(-4)$

(3) $2(3x-7y)-3(2x-9y)$

(4) $\dfrac{2a+b}{3}-\dfrac{3a-b}{5}$

(5) $(-2x)^2\times(-3x)$

(6) $(-a)^2\times 9b\div 3ab$

2 次の連立方程式を解きなさい。（5点×4）

(1) $\begin{cases} 3x+5y=21 \\ 4x-3y=-1 \end{cases}$

(2) $\begin{cases} 3x-2y=-11 \\ x=3y+1 \end{cases}$

(3) $\begin{cases} 4x+y=14 \\ 7x-2(3x-y)=0 \end{cases}$

(4) $\begin{cases} \dfrac{x}{3}-\dfrac{y}{4}=-3 \\ 0.7x+0.6y=-1.8 \end{cases}$

3 次の条件を満たす 1 次関数の式を求めなさい。（4点×2）

(1) 変化の割合が-3で，$x=2$のとき$y=-1$である。

(2) $x=-4$のとき$y=-1$で，xが6増加するとyは9増加する。

裏面へ

4 次の直線の式を求めなさい。

(4点×3)

(1) 傾きが4で，点(4, 25)を通る直線

(2) 切片が−7で，点(3, 11)を通る直線

(3) 2点(−2, 13)，(4, −17)を通る直線

5 右の図の四角形ABCDは平行四辺形で，BC＝BEである。$\angle x$，$\angle y$の大きさを求めなさい。

(6点×2)

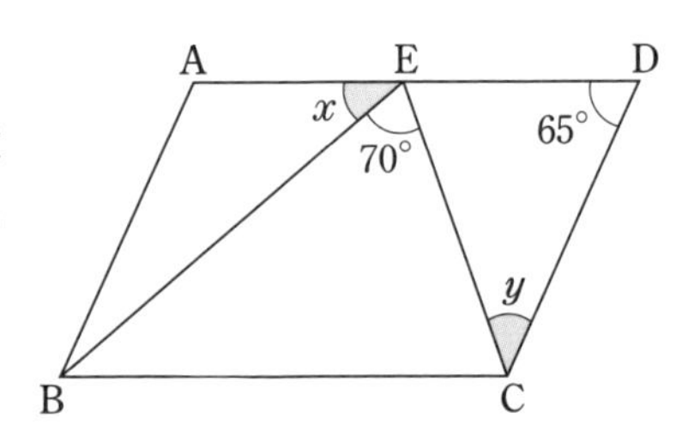

6 右の図で，2直線ℓ，mは平行であり，五角形ABCDEは正五角形である。$\angle x$，$\angle y$の大きさを求めなさい。

(6点×2)

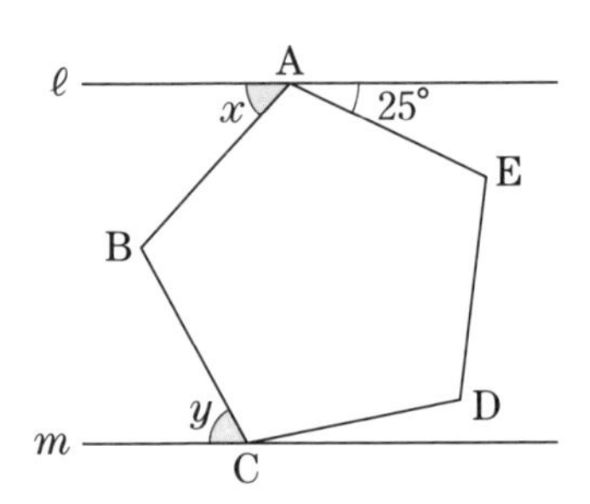

7 1，2，3，4の数字が1つずつ書かれた4枚のカードがある。このカードから，1枚ずつ2回続けてひき，ひいた順に並べて2けたの整数をつくるとき，次の確率を求めなさい。

(6点×2)

(1) できた整数が20以下になる確率

(2) できた整数が3の倍数になる確率

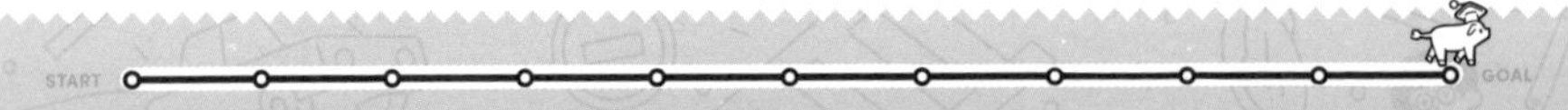

No. 01 単項式と多項式

❶ (1) **多項式**　(2) **単項式**
(3) **単項式**　(4) **多項式**

❷ (1) $\boldsymbol{8x}$, $\boldsymbol{5y}$　(2) $\boldsymbol{4a^2}$, $\boldsymbol{-\frac{1}{2}}$
(3) $\boldsymbol{3a}$, $\boldsymbol{b}$, $\boldsymbol{-7}$　(4) $\boldsymbol{\frac{3}{7}x^2}$, $\boldsymbol{\frac{1}{8}xy}$, **9**

❸ (1) **1次式**　(2) **2次式**　(3) **3次式**
(4) **1次式**　(5) **2次式**　(6) **5次式**

解説

❶ **＋や－で結ばれている式が多項式**で，それ以外の式が**単項式**である。

❷ もとの式を**加法だけの式**に直す。＋で結ばれた1つ1つが**項**である。

❸ (2) 次数が最大の項は $4x^2$ で，この項の次数は2だから，2次式。

No. 02 同類項

❶ (1) $\boldsymbol{4x}$ **と** $\boldsymbol{-2x}$, $\boldsymbol{6y}$ **と** $\boldsymbol{5y}$
(2) $\boldsymbol{a}$ **と** $\boldsymbol{-4a}$, $\boldsymbol{-2b}$ **と** $\boldsymbol{7b}$
(3) $\boldsymbol{3xy}$ **と** $\boldsymbol{-8xy}$, $\boldsymbol{5x}$ **と** $\boldsymbol{-2x}$
(4) $\boldsymbol{2a^2}$ **と** $\boldsymbol{6a^2}$, $\boldsymbol{-3a}$ **と** $\boldsymbol{-2a}$

❷ (1) $\boldsymbol{-4a+2b}$　(2) $\boldsymbol{7x+5y}$
(3) $\boldsymbol{2a^2-2a}$　(4) $\boldsymbol{3xy}$

❸ (1) $\boldsymbol{6x+3xy}$　(2) $\boldsymbol{3a^2-10a+5}$
(3) $\boldsymbol{-x^2+7x+3}$　(4) $\boldsymbol{5ab-b+3c}$
(5) $\boldsymbol{-\frac{1}{12}a+\frac{1}{6}b}$　(6) $\boldsymbol{\frac{1}{2}x^2+\frac{3}{2}x}$

解説

❷ 項を並べかえて，**同類項**をまとめる。

(1) $-7a-2b+4b+3a$
$=-7a+3a-2b+4b$
$=(-7+3)a+(-2+4)b=-4a+2b$

❸ (3) $5x^2-x-4+8x-6x^2+7$
$=5x^2-6x^2-x+8x-4+7$
$=(5-6)x^2+(-1+8)x+3$
$=-x^2+7x+3$

(6) $\frac{4}{5}x^2+\frac{5}{6}x-\frac{3}{10}x^2+\frac{2}{3}x$
$=\frac{4}{5}x^2-\frac{3}{10}x^2+\frac{5}{6}x+\frac{2}{3}x$
$=\left(\frac{8}{10}-\frac{3}{10}\right)x^2+\left(\frac{5}{6}+\frac{4}{6}\right)x$
$=\frac{5}{10}x^2+\frac{9}{6}x=\frac{1}{2}x^2+\frac{3}{2}x$

No. 03 式の加法

❶ (1) $\boldsymbol{5x-3y}$　(2) $\boldsymbol{-a+8b}$
(3) $\boldsymbol{8x-6y}$　(4) $\boldsymbol{3x^2-2x}$

❷ (1) $\boldsymbol{3a-b}$　(2) $\boldsymbol{x+4y}$
(3) $\boldsymbol{6x^2-7x}$　(4) $\boldsymbol{2a-3b}$
(5) $\boldsymbol{3ab+5a}$　(6) $\boldsymbol{6x+7y-2}$
(7) $\boldsymbol{a+5b-10}$　(8) $\boldsymbol{3x^2+2x}$

❸ (1) $\boldsymbol{5x+2y}$　(2) $\boldsymbol{2a^2-a+3}$

解説

❶ (4) $-x^2+5x+(4x^2-7x)$
$=-x^2+5x+4x^2-7x$
$=-x^2+4x^2+5x-7x=3x^2-2x$

❷ (7) $(6a-10-4b)+(9b-5a)$
$=6a-10-4b+9b-5a$
$=6a-5a-4b+9b-10$
$=a+5b-10$

❸ (2) $(3a^2-5a+9)+(-a^2+4a-6)$
$=3a^2-5a+9-a^2+4a-6$
$=3a^2-a^2-5a+4a+9-6$
$=2a^2-a+3$

No. 04 式の減法

❶ (1) $\boldsymbol{2a+5b}$　(2) $\boldsymbol{-x-4y}$
(3) $\boldsymbol{9a-5b}$　(4) $\boldsymbol{5x^2+4x}$

❷ (1) $\boldsymbol{-3x+5y}$　(2) $\boldsymbol{a-6b}$
(3) $\boldsymbol{-2a^2+a}$　(4) $\boldsymbol{3x-5y}$
(5) $\boldsymbol{5xy-8y}$　(6) $\boldsymbol{2a+10b-5}$
(7) $\boldsymbol{5x-2y-8}$　(8) $\boldsymbol{2a^2-11a+8}$

❸ (1) $\boldsymbol{2a+8b}$　(2) $\boldsymbol{3x^2-7x+10}$

解説

❷(5) $(8xy-6y)-(2y+3xy)$
$=8xy-6y-2y-3xy$
$=8xy-3xy-6y-2y$
$=5xy-8y$

❸(2) $(2x^2-4x+8)-(-x^2+3x-2)$
$=2x^2-4x+8+x^2-3x+2$
$=2x^2+x^2-4x-3x+8+2$
$=3x^2-7x+10$

No. 05 式と数の乗法

❶ (1) $\boldsymbol{2x+6y}$ (2) $\boldsymbol{9a-6b}$
(3) $\boldsymbol{5a^2+20a}$ (4) $\boldsymbol{-16x+2y}$
(5) $\boldsymbol{-8xy+20y}$ (6) $\boldsymbol{24a-42b}$

❷ (1) $\boldsymbol{12a-16b+8}$ (2) $\boldsymbol{-6x-12y+15}$
(3) $\boldsymbol{-6a^2+18a-24}$
(4) $\boldsymbol{-7x^2+14x-21}$
(5) $\boldsymbol{6xy-21x+18y}$
(6) $\boldsymbol{24a^2-32ab+64b^2}$
(7) $\boldsymbol{6a-4b}$ (8) $\boldsymbol{-2x+3y+4}$

解説

❶(4) $-2(8x-y)$
$=-2\times 8x+(-2)\times(-y)$
$=-16x+2y$

❷(8) $(6x-9y-12)\times\left(-\frac{1}{3}\right)$
$=6x\times\left(-\frac{1}{3}\right)-9y\times\left(-\frac{1}{3}\right)-12\times\left(-\frac{1}{3}\right)$
$=-2x+3y+4$

No. 06 式と数の除法

❶ (1) $\boldsymbol{2a-4b}$ (2) $\boldsymbol{4x+5y}$
(3) $\boldsymbol{-5x^2+7x}$ (4) $\boldsymbol{-5a+9b}$
(5) $\boldsymbol{5ab-3b}$ (6) $\boldsymbol{-\frac{3}{2}x^2+\frac{4}{3}y^2}$

❷ (1) $\boldsymbol{3x^2-2x+8}$ (2) $\boldsymbol{-8a-6b+10}$
(3) $\boldsymbol{-\frac{5}{4}x+\frac{3}{2}y-\frac{5}{2}}$ (4) $\boldsymbol{-4x^2+6xy-8y^2}$
(5) $\boldsymbol{3a^2+15a-9}$ (6) $\boldsymbol{12xy-16x-4y}$
(7) $\boldsymbol{\frac{1}{3}a-\frac{2}{9}b}$ (8) $\boldsymbol{-\frac{5}{4}x^2+\frac{2}{3}y^2}$

解説

❶(4) $(10a-18b)\div(-2)$
$=(10a-18b)\times\left(-\frac{1}{2}\right)=\frac{10a}{-2}-\frac{18b}{-2}$
$=-5a+9b$

❷(4) $(2x^2-3xy+4y^2)\div\left(-\frac{1}{2}\right)$
$=(2x^2-3xy+4y^2)\times(-2)$
$=-4x^2+6xy-8y^2$

No. 07 いろいろな計算(1)

❶ (1) $\boldsymbol{7x+9y}$ (2) $\boldsymbol{-8a+9b}$
(3) $\boldsymbol{8a-21b}$ (4) $\boldsymbol{-7x+27y}$
(5) $\boldsymbol{-7a+3b}$ (6) $\boldsymbol{4x-9y}$

❷ (1) $\boldsymbol{10a-7b}$ (2) $\boldsymbol{7x+12y}$
(3) $\boldsymbol{-4x+9y}$ (4) $\boldsymbol{20a+17b}$
(5) $\boldsymbol{-a-b}$ (6) $\boldsymbol{3x+32y}$
(7) $\boldsymbol{2x^2+x}$ (8) $\boldsymbol{-22a+12}$

解説

❶(4) $3x-8y-5(2x-7y)$
$=3x-8y-10x+35y=-7x+27y$

❷(7) $2(x^2+8x-3)-3(5x-2)$
$=2x^2+16x-6-15x+6=2x^2+x$

No. 08 いろいろな計算(2)

❶ (1) $\boldsymbol{\frac{7a-b}{3}}$ (2) $\boldsymbol{\frac{-x+y}{4}}$ (3) $\boldsymbol{\frac{17x+3}{5}}$
(4) $\boldsymbol{\frac{3a-14b}{2}}$ (5) $\boldsymbol{\frac{10a+5b}{7}}$ (6) $\boldsymbol{\frac{-7x-23y}{6}}$

❷ (1) $\boldsymbol{\frac{5x-y}{4}}$ (2) $\boldsymbol{\frac{4a+17b}{12}}$ (3) $\boldsymbol{\frac{9}{10}x}$
(4) $\boldsymbol{\frac{4a+b}{3}}$ (5) $\boldsymbol{\frac{11x-9y}{9}}$ (6) $\boldsymbol{\frac{14a+b}{24}}$
(7) $\boldsymbol{\frac{16x+9y}{12}}$ (8) $\boldsymbol{\frac{2a+27b}{18}}$

解説

❶(2) $y-\frac{x+3y}{4}=\frac{4y-(x+3y)}{4}$
$=\frac{4y-x-3y}{4}=\frac{-x+y}{4}$

❷(4) $\frac{3a-b}{2}-\frac{a-5b}{6}=\frac{3(3a-b)-(a-5b)}{6}$
$=\frac{9a-3b-a+5b}{6}=\frac{8a+2b}{6}=\frac{4a+b}{3}$

答えの約分を忘れないようにしよう。

No. 09 単項式の乗法

❶ (1) $20xy$ (2) $-12ab$ (3) $-12xyz$
(4) $56abc$ (5) $-3mn$ (6) $35ab$

❷ (1) $8x^3$ (2) $-18a^4$ (3) $25y^2$
(4) $-27m^3$ (5) $8x^3y^2$ (6) $36a^3b^4$
(7) $-7a^4b$ (8) $24x^2y$

解説

❶(6) $-\frac{7}{8}a\times(-40b)=-\frac{7}{8}\times a\times(-40)\times b$
$=-\frac{7}{8}\times(-40)\times a\times b=35ab$

❷(3) $(-5y)^2=(-5y)\times(-5y)$
$=(-5)\times(-5)\times y\times y=25y^2$

(8) $6y\times(-2x)^2=6y\times4x^2=6\times4\times y\times x^2$
$=24x^2y$

No. 10 単項式の除法

❶ (1) $3b$ (2) $-5x$ (3) $-\frac{n}{2}$
(4) $-\frac{2}{3}a$ (5) $-\frac{2}{a}$ (6) $\frac{7x}{4y}$

❷ (1) $4y$ (2) $-12ab$ (3) $-\frac{15}{4}t$
(4) $-6xy$ (5) $\frac{5c}{4b}$ (6) $-\frac{15}{7}m$
(7) $\frac{9b}{10a}$ (8) $-\frac{4x^2}{3y}$

解説

❶(6) $-21x^3y\div(-12x^2y^2)=\frac{-21x^3y}{-12x^2y^2}$
$=\frac{21x^3y}{12x^2y^2}=\frac{7x}{4y}$

❷(6) $-\frac{5}{3}m^2n\div\frac{7}{9}mn=-\frac{5m^2n}{3}\div\frac{7mn}{9}$
$=-\frac{5m^2n}{3}\times\frac{9}{7mn}=-\frac{5m^2n\times9}{3\times7mn}=-\frac{15}{7}m$

No. 11 単項式の乗除

❶ (1) b (2) $-4y$ (3) $\frac{5x^2}{y}$
(4) $\frac{4a}{3b}$ (5) $\frac{3}{2}y^3$ (6) $-14a$
(7) $-\frac{1}{2}x$ (8) $2ab^2$

❷ (1) $-9x$ (2) $-\frac{1}{3x^2}$ (3) $2a^2$
(4) $-54ab$ (5) $-\frac{12x^3}{y}$ (6) $-\frac{4}{3}x^5y$

解説

❶(8) $-\frac{4}{9}b\times\left(-\frac{3}{2}a^2b\right)\div\frac{a}{3}$
$=-\frac{4b}{9}\times\left(-\frac{3a^2b}{2}\right)\times\frac{3}{a}$
$=\frac{4b\times3a^2b\times3}{9\times2\times a}=2ab^2$

❷(4) $(-3ab)^2\div ab^2\times(-6b)$
$=9a^2b^2\times\frac{1}{ab^2}\times(-6b)$
$=-\frac{9a^2b^2\times6b}{ab^2}=-54ab$

No. 12 式の値

❶ (1) -24 (2) 24 (3) 0
(4) 29 (5) -41 (6) -33

❷ (1) -10 (2) -5 (3) 6
(4) 4 (5) -6 (6) $\frac{8}{3}$
(7) 4 (8) -12

解説

❶(6) $5x-3y^2=5\times3-3\times(-4)^2$
$=15-48=-33$

❷(3) $2(3a-b)-4(a-5b)$
$=6a-2b-4a+20b=2a+18b$
$=2\times(-3)+18\times\frac{2}{3}=-6+12=6$

No. 13 式の代入

❶ (1) $4x+y$ (2) $-5x-10y$
(3) $-x-9y$ (4) $14x+11y$
(5) $4x+11y$ (6) $-19x-16y$

❷ (1) $x+5y$ (2) $-4x-9y$
(3) $7x+2y$ (4) $-6x-19y$
(5) $13x+21y$ (6) $3x+26y$
(7) $18x+13y$ (8) $9x+y$

解説

❷(6) $4(A-B)-(2B-A)$
$=4A-4B-2B+A$
$=5A-6B$
$=5(3x+4y)-6(2x-y)$

$=15x+20y-12x+6y$
$=3x+26y$

No. 14 等式の変形

❶ (1) $\boldsymbol{x=-3y+4}$　(2) $\boldsymbol{b=-4a-3}$
(3) $\boldsymbol{a=\frac{5}{b}}$　(4) $\boldsymbol{y=-\frac{2}{x}}$
(5) $\boldsymbol{y=\frac{-3x+7}{4}}$　(6) $\boldsymbol{b=\frac{5a+8}{3}}$
(7) $\boldsymbol{m=3-\frac{3}{4}n}$　(8) $\boldsymbol{y=\frac{6}{5}x-12}$

❷ (1) $\boldsymbol{a=\frac{2S}{b}}$　(2) $\boldsymbol{y=12x+6}$
(3) $\boldsymbol{h=\frac{3V}{\pi r^2}}$　(4) $\boldsymbol{x=\frac{6y-7}{5}}$
(5) $\boldsymbol{b=4a+5c}$　(6) $\boldsymbol{a=\frac{5m-3b}{2}}$

解説　解く文字以外の文字を数と考えて，方程式を解く要領で，**(解く文字)＝～の形**に式を変形する。

❶(7)　$\frac{m}{3}+\frac{n}{4}=1$　$\frac{n}{4}$ を移項して，$\frac{m}{3}=1-\frac{n}{4}$
両辺に3をかけて，$m=3-\frac{3}{4}n$

❷(4)　$y=\frac{5x+7}{6}$
左辺と右辺を入れかえて，$\frac{5x+7}{6}=y$
両辺に6をかけて，$5x+7=6y$
7を移項して，$5x=6y-7$
両辺を5でわって，$x=\frac{6y-7}{5}$

No. 15 まとめテスト①

❶ (1) $\boldsymbol{-2x+10y}$　(2) $\boldsymbol{7a-9b}$
(3) $\boldsymbol{-5x^2+3x}$　(4) $\boldsymbol{2x+20y}$
(5) $\boldsymbol{\frac{a+5b}{3}}$　(6) $\boldsymbol{\frac{17}{12}x}$

❷ (1) $\boldsymbol{-15xy}$　(2) $\boldsymbol{16a^3}$　(3) $\boldsymbol{-7b}$
(4) $\boldsymbol{8x^2y}$　(5) $\boldsymbol{-2xy}$　(6) $\boldsymbol{2a}$

❸ (1) $\boldsymbol{-2}$　(2) $\boldsymbol{y=\frac{3x-2}{5}}$

解説
❶(4)　$2(3x+4y)-4(x-3y)$
$=6x+8y-4x+12y=2x+20y$

(6)　$\frac{4x+3y}{6}+\frac{3x-2y}{4}$
$=\frac{2(4x+3y)+3(3x-2y)}{12}$
$=\frac{8x+6y+9x-6y}{12}=\frac{17x}{12}=\frac{17}{12}x$

❷(5)　$6xy^2\div(-9x^2y)\times3x^2$
$=6xy^2\times\left(-\frac{1}{9x^2y}\right)\times3x^2$
$=-\frac{6xy^2\times3x^2}{9x^2y}=-2xy$

❸(1)　$-(8a-7b)+2(5a+b)$
$=-8a+7b+10a+2b=2a+9b$
$=2\times(-4)+9\times\frac{2}{3}=-8+6=-2$

No. 16 連立方程式とその解

❶ **ア，ウ**

❷ (1) **(左から)6，5，4，3，2**
(2) **(左から)5，$\frac{9}{2}$，4，$\frac{7}{2}$，3**
(3) **3，4**

❸ **イ**

解説　方程式を**成り立たせる文字の値**が，その方程式の**解**である。したがって，解の値を方程式に代入すると，**等式が成り立つ**。

No. 17 加減法による解き方(1)

❶ (1) $\boldsymbol{x=2,\ y=3}$　(2) $\boldsymbol{x=3,\ y=4}$
(3) $\boldsymbol{x=1,\ y=2}$　(4) $\boldsymbol{x=2,\ y=2}$
(5) $\boldsymbol{x=4,\ y=-2}$　(6) $\boldsymbol{x=-2,\ y=2}$

❷ (1) $\boldsymbol{x=5,\ y=2}$　(2) $\boldsymbol{x=3,\ y=-2}$
(3) $\boldsymbol{x=2,\ y=-5}$　(4) $\boldsymbol{x=4,\ y=3}$

解説　上の式を①，下の式を②とする。

❶(3)　①－②より，$x=1$
$x=1$ を②に代入して，$3+2y=7$，$y=2$
(5)　①＋②より，$x=4$
$x=4$ を②に代入して，$-8+5y=-18$，
$y=-2$

❷(3)　①＋②より，$4y=-20$，$y=-5$
$y=-5$ を①に代入して，$4x-15=-7$，
$x=2$

ANSWERS

(4) ①−②より，$-7y=-21$，$y=3$
$y=3$ を①に代入して，$5x-9=11$，$x=4$

No.18 加減法による解き方(2)

❶ (1) $x=2$，$y=3$ (2) $x=4$，$y=2$
(3) $x=-3$，$y=2$ (4) $x=-1$，$y=-3$
❷ (1) $x=3$，$y=4$ (2) $x=2$，$y=-3$
(3) $x=-4$，$y=-2$ (4) $x=\frac{1}{2}$，$y=3$
(5) $x=3$，$y=-\frac{2}{3}$ (6) $x=2$，$y=-\frac{4}{3}$

解説 上の式を①，下の式を②とする。
❶(1) ①−②×2 より，$y=3$
$y=3$ を②に代入して，$x+3=5$，$x=2$
(3) ①×3−② より，y を消去する。
(4) ①+②×4 より，y を消去する。
❷(1) ①×2−②×3 より，$-17y=-68$，$y=4$
$y=4$ を②に代入して，$2x+12=18$，$x=3$
(3) ①×3+②×4 より，x を消去する。
(4) ①×4−②×3 より，x を消去する。
(5) ①×3−②×2 より，x を消去する。
(6) ①×2+②×3 より，y を消去する。

No.19 代入法による解き方(1)

❶ (1) $x=2$，$y=4$ (2) $x=-1$，$y=3$
(3) $x=8$，$y=2$ (4) $x=3$，$y=5$
(5) $x=3$，$y=0$ (6) $x=-1$，$y=5$
❷ (1) $x=2$，$y=5$ (2) $x=2$，$y=-3$
(3) $x=5$，$y=3$ (4) $x=-3$，$y=6$

解説 上の式を①，下の式を②とする。
❶(1) ①を②に代入して，$x+2x=6$，$x=2$
$x=2$ を①に代入して，$y=2\times2=4$
(3) ②を①に代入して，$3\times4y+y=26$，
$12y+y=26$，$13y=26$，$y=2$
$y=2$ を②に代入して，$x=4\times2=8$
(5) ①を②に代入して，$4x-(x-3)=12$，
$4x-x+3=12$，$3x=9$，$x=3$
$x=3$ を①に代入して，$y=3-3=0$
❷(1) ①を②に代入して，$3x+2(x+3)=16$，
$3x+2x+6=16$，$5x=10$，$x=2$
$x=2$ を①に代入して，$y=2+3=5$
(4) ②を①に代入して，$-3(3-y)+5y=39$，
$-9+3y+5y=39$，$8y=48$，$y=6$
$y=6$ を②に代入して，$x=3-6=-3$

No.20 代入法による解き方(2)

❶ (1) $x=2$，$y=5$ (2) $x=-2$，$y=-4$
(3) $x=2$，$y=-1$ (4) $x=8$，$y=2$
(5) $x=4$，$y=1$ (6) $x=-3$，$y=2$
❷ (1) $x=-2$，$y=5$ (2) $x=8$，$y=2$
(3) $x=4$，$y=2$ (4) $x=-\frac{3}{2}$，$y=-4$

解説 上の式を①，下の式を②とする。
❶(3) ②を①に代入して，$3x+2(2x-5)=4$，
$3x+4x-10=4$，$7x=14$，$x=2$
$x=2$ を②に代入して，$y=2\times2-5=-1$
(5) ①を②に代入して，x を消去する。
❷(1) ①より，$y=-2x+1$…③
③を②に代入して，$3x+2(-2x+1)=4$，
$3x-4x+2=4$，$-x=2$，$x=-2$
$x=-2$ を③に代入して，
$y=-2\times(-2)+1=5$
(2) ①より，$x=3y+2$…③
③を②に代入して，$5(3y+2)-8y=24$，
$15y+10-8y=24$，$7y=14$，$y=2$
$y=2$ を③に代入して，$x=3\times2+2=8$

No.21 かっこのある連立方程式

❶ (1) $x=2$，$y=3$ (2) $x=4$，$y=-3$
(3) $x=4$，$y=5$ (4) $x=2$，$y=-4$
(5) $x=5$，$y=3$ (6) $x=-3$，$y=-2$
❷ (1) $x=1$，$y=4$ (2) $x=-3$，$y=3$
(3) $x=4$，$y=2$ (4) $x=-2$，$y=-3$

解説 上の式を①，下の式を②とする。
❶(1) ②のかっこをはずすと，
$x-3x+3y=5$，$-2x+3y=5$…③
①+③ より，$4y=12$，$y=3$
$y=3$ を①に代入して，$2x+3=7$，$x=2$
(5) ②のかっこをはずすと，
$4x-5y+15=20$，$4x-5y=5$…③
①×5+③×3 より，$37x=185$，$x=5$

$x=5$ を③に代入して，$20-5y=5$，
$-5y=-15$，$y=3$

2 (3)　①，②のかっこをはずして整理すると，
$\begin{cases}3x-4y=4\\2x-3y=2\end{cases}$ これを解くと，$\begin{cases}x=4\\y=2\end{cases}$

No. 22 分数係数の連立方程式

1 (1) $\boldsymbol{x=2,\ y=4}$　(2) $\boldsymbol{x=3,\ y=-6}$
(3) $\boldsymbol{x=6,\ y=8}$　(4) $\boldsymbol{x=-6,\ y=2}$

2 (1) $\boldsymbol{x=3,\ y=2}$　(2) $\boldsymbol{x=-4,\ y=4}$
(3) $\boldsymbol{x=6,\ y=2}$　(4) $\boldsymbol{x=8,\ y=-6}$

解説　上の式を①，下の式を②とする。

1 (1)　②×4 より，$2x+y=8$…③
①を③に代入して，$2x+(-3x+10)=8$，
$2x-3x+10=8$，$-x=-2$，$x=2$
$x=2$ を①に代入して $y=-3\times2+10=4$

(3)　②×12 より，$4x-9y=-48$…③
①−③より，$4y=32$，$y=8$
$y=8$ を①に代入して，$4x-40=-16$，
$4x=24$，$x=6$

2 (3)　①×18 より，$-10x+3y=-54$…③
②×15 より，$7x+9y=60$…④
③×3−④より，$-37x=-222$，$x=6$
$x=6$ を④に代入して，$42+9y=60$，
$9y=18$，$y=2$

No. 23 小数係数の連立方程式

1 (1) $\boldsymbol{x=3,\ y=2}$　(2) $\boldsymbol{x=6,\ y=-2}$
(3) $\boldsymbol{x=-4,\ y=3}$　(4) $\boldsymbol{x=-2,\ y=-3}$
(5) $\boldsymbol{x=5,\ y=4}$　(6) $\boldsymbol{x=4,\ y=-3}$

2 (1) $\boldsymbol{x=3,\ y=4}$　(2) $\boldsymbol{x=2,\ y=1}$
(3) $\boldsymbol{x=-2,\ y=3}$　(4) $\boldsymbol{x=-4,\ y=6}$

解説　上の式を①，下の式を②とする。

1 (1)　①×10 より，$x=-3y+9$…③
③を②に代入して，$3(-3y+9)-y=7$，
$-9y+27-y=7$，$-10y=-20$，$y=2$
$y=2$ を③に代入して，$x=-3\times2+9=3$

(6)　②×100 より，$20x-3y=89$…③
①×3+③より，$29x=116$，$x=4$
$x=4$ を①に代入して，$12+y=9$，$y=-3$

2 (4)　①×12 より，$3x+4y=12$…③
②×10 より，$8x+7y=10$…④
③×8−④×3 より，$11y=66$，$y=6$
$y=6$ を③に代入して，$3x+24=12$，
$3x=-12$，$x=-4$

No. 24 連立方程式の利用

1 (1) $\boldsymbol{a=2,\ b=-5}$　(2) $\boldsymbol{a=4,\ b=-2}$
(3) $\boldsymbol{a=-3,\ b=4}$

2 $\boldsymbol{a=5,\ b=-4}$

解説

1 (1)　もとの連立方程式に $x=3$，$y=4$ を代入
すると，$\begin{cases}3a+16=22\cdots①\\27+4b=7\ \ \cdots②\end{cases}$
①より，$3a=6$，$a=2$
②より，$4b=-20$，$b=-5$

(2)　もとの連立方程式に $x=2$，$y=-3$ を
代入すると，$\begin{cases}2a-3b=14\ \ \cdots①\\2b-3a=-16\cdots②\end{cases}$
①×3+②×2 より，$-5b=10$，$b=-2$
$b=-2$ を①に代入して，$2a+6=14$，
$2a=8$，$a=4$

2 連立方程式 A を解くと，$x=3$，$y=-2$
これは連立方程式 B の解でもあるから，連立方程式 B に $x=3$，$y=-2$ を代入すると，
$\begin{cases}3a-2b=23\\3b+2a=-2\end{cases}$
これを a，b について解く。

No. 25 まとめテスト②

1 (1) $\boldsymbol{x=2,\ y=1}$　(2) $\boldsymbol{x=3,\ y=2}$
(3) $\boldsymbol{x=-1,\ y=-2}$　(4) $\boldsymbol{x=-3,\ y=8}$
(5) $\boldsymbol{x=4,\ y=3}$　(6) $\boldsymbol{x=7,\ y=-2}$
(7) $\boldsymbol{x=2,\ y=-3}$　(8) $\boldsymbol{x=-2,\ y=-6}$

2 $\boldsymbol{a=4,\ b=-3}$

解説

1 上の式を①，下の式を②とする。
(2)　①×3+②×2 より，$17x=51$，$x=3$
$x=3$ を①に代入して，$9-2y=5$，$y=2$
(4)　②を①に代入して，$2-y=3y-30$，

ANSWERS

$-4y=-32$, $y=8$

$y=8$ を②に代入して，$2x=2-8$, $x=-3$

(6) ①，②のかっこをはずして整理すると，

$$\begin{cases} 2x+7y=0 \cdots③ \\ x+4y=-1 \cdots④ \end{cases}$$

③－④×2 より，$-y=2$, $y=-2$

$y=-2$ を④に代入して，$x-8=-1$, $x=7$

(7) ①×15 より，$5x+3y=1$…③

②×12 より，$10x+9y=-7$…④

③×3－④より，$5x=10$, $x=2$

$x=2$ を③に代入して，$10+3y=1$, $y=-3$

❷ もとの連立方程式に $x=2$, $y=5$ を代入すると，
$5=2a+b$, $2b-5a=-26$

$$\begin{cases} 2a+b=5 \\ -5a+2b=-26 \end{cases}$$

これを a, b について解く。

No. 26 1次関数

❶ **ア，ウ，カ**

❷ (1) ① $\boldsymbol{y=\frac{20}{x}}$　② $\boldsymbol{y=4x}$

③ $\boldsymbol{y=\frac{10}{x}}$　④ $\boldsymbol{y=-60x+800}$

(2) **②，④**

解説

❶ $y=$～の形に変形すると，

オ．$y=\frac{6}{x}+8$　カ．$y=-x+6$

❷ (1)④ 歩いた道のりは，$60x$m だから，
$y=800-60x$ より，$y=-60x+800$

No. 27 1次関数の値の変化

❶ (1) ① **3** ② **3**　(2) ① **−2** ② **−2**

❷ (1) ① **8** ② **−12**　(2) ① **−3** ② **4**

解説

❶ (2)① x の増加量は $4-2=2$, y の増加量は
$(-2\times4+3)-(-2\times2+3)=-4$ だから，

変化の割合は，$\frac{-4}{2}=-2$

❷ (1)② $y=4x-2$ の変化の割合は 4 だから，
x の値が -3 増加したときの y の増加量は，
$4\times(-3)=-12$

No. 28 1次関数の式(1)

❶ (1) $\boldsymbol{y=-2x+5}$　(2) $\boldsymbol{y=3x-4}$

(3) $\boldsymbol{y=-4x+3}$　(4) $\boldsymbol{y=\frac{3}{4}x+3}$

(5) $\boldsymbol{y=-\frac{1}{3}x-2}$

❷ (1) $\boldsymbol{y=9}$　(2) $\boldsymbol{x=8}$

解説

❶ (3) 変化の割合が -4 だから，この1次関数の式は，$y=-4x+b$ とおける。
$x=-3$ のとき $y=15$ だから，
$15=-4\times(-3)+b$, $b=3$

❷ (1) 変化の割合が 4 だから，この1次関数の式は，$y=4x+b$ とおける。
$x=2$ のとき $y=-3$ だから，$-3=4\times2+b$,
$b=-11$ より，式は，$y=4x-11$
これに $x=5$ を代入して y の値を求める。

No. 29 1次関数の式(2)

❶ (1) $\boldsymbol{y=2x+3}$　(2) $\boldsymbol{y=3x-7}$

(3) $\boldsymbol{y=-4x+9}$　(4) $\boldsymbol{y=\frac{5}{3}x-4}$

(5) $\boldsymbol{y=-\frac{3}{4}x+2}$

❷ (1) $\boldsymbol{y=-4}$　(2) $\boldsymbol{x=-6}$

解説

❶ (2) $y=ax+b$ に $x=2$, $y=-1$ と $x=5$,
$y=8$ を代入して，

$$\begin{cases} -1=2a+b \\ 8=5a+b \end{cases}$$

これを解くと，$a=3$, $b=-7$

❷ (1) $y=ax+b$ に $x=2$, $y=2$ と $x=5$,
$y=-7$ を代入して，

$$\begin{cases} 2=2a+b \\ -7=5a+b \end{cases}$$

これを解くと，$a=-3$, $b=8$ だから，
式は，$y=-3x+8$
これに $x=4$ を代入して y の値を求める。

No. 30 直線の式(1)

❶ (1) ① 5　② -4　(2) ① $-\frac{5}{2}$　② 9

❷ (1) $y=3x+4$　(2) $y=-\frac{1}{2}x+5$

(3) $y=-4x+7$　(4) $y=-5x+2$

(5) $y=\frac{3}{4}x-3$

解説

❷(1) 傾きが3だから，この直線の式は，
$y=3x+b$ とおける。
これに $x=1$，$y=7$ を代入して，
$7=3\times1+b$，$b=4$

(3) この直線は直線 $y=-4x-1$ に平行だから，傾きは -4 で，式は $y=-4x+b$ とおける。これに $x=3$，$y=-5$ を代入して，
$-5=-4\times3+b$，$b=7$

(4) 切片が2だから，この直線の式は，
$y=ax+2$ とおける。
これに $x=-2$，$y=12$ を代入して，
$12=-2a+2$，$a=-5$

No. 31 直線の式(2)

❶ (1) $y=5x+3$　(2) $y=-4x+9$

(3) $y=6x-5$　(4) $y=\frac{2}{3}x+4$

(5) $y=-\frac{5}{4}x-2$

❷ (1) $m=9$　(2) $n=-3$

解説

❶(2) $y=ax+b$ に $x=2$，$y=1$ と，$x=4$，
$y=-7$ を代入して，$\begin{cases}1=2a+b\\-7=4a+b\end{cases}$
これを解くと，$a=-4$，$b=9$

❷(2) $y=ax+b$ に2点$(-2,\ 14)$，$(4,\ -16)$
の座標の値を代入して，$\begin{cases}14=-2a+b\\-16=4a+b\end{cases}$
これを解くと，$a=-5$，$b=4$ だから，この直線の式は，$y=-5x+4$
点$(n,\ 19)$もこの直線上にあるから，
$19=-5n+4$ より，$n=-3$

No. 32 1次関数と方程式

❶ (1) ① $-\frac{3}{4}$　② 2　(2) ① $\frac{5}{3}$　② 3

❷ (1) $y=\frac{2}{3}x+1$　(2) $y=-x+4$

(3) $\left(\frac{9}{5},\ \frac{11}{5}\right)$

❸ (1) $(2,\ 4)$　(2) $\left(-\frac{9}{4},\ -\frac{23}{8}\right)$

解説

❶式を $y=$～の形に変形すると，
(1) $y=-\frac{3}{4}x+2$　(2) $y=\frac{5}{3}x+3$

❷(3) 直線①の式は $y=\frac{2}{3}x+1$，直線②の式は $y=-x+4$ だから，①，②の式を連立方程式として解くと，$x=\frac{9}{5}$，$y=\frac{11}{5}$
よって，交点の座標は，$\left(\frac{9}{5},\ \frac{11}{5}\right)$

❸①，②の式を連立方程式として解く。x，y の値が交点の **x 座標**，**y 座標**になる。

No. 33 まとめテスト③

❶ (1) $y=5x-2$　(2) $y=-7x+3$

(3) $y=\frac{5}{4}x-8$　(4) $y=-\frac{2}{3}x+\frac{5}{3}$

❷ (1) $y=-6x+5$　(2) $y=3x-6$

(3) $y=-\frac{1}{2}x+7$　(4) $y=\frac{7}{3}x-3$

❸ $a=4$

解説

❶(2) 変化の割合は $-14\div2=-7$ だから，
$y=-7x+b$ に x，y の値を代入する。

(3) $y=ax+b$ に $x=-4$，$y=-13$ と $x=8$，
$y=2$ を代入して，$\begin{cases}-13=-4a+b\\2=8a+b\end{cases}$
これを解くと，$a=\frac{5}{4}$，$b=-8$

❷(1) $y=-6x+b$ に $x=2$，$y=-7$ を代入して，
$-7=-6\times2+b$，$b=5$

(3) $y=ax+7$ に $x=-6$，$y=10$ を代入して，
$10=-6a+7$，$a=-\frac{1}{2}$

❸ $4x-3y=18$，$x-3y=9$ を連立方程式として解くと，$x=3$，$y=-2$ だから，2つの直線の

ANSWERS

交点の座標は$(3,\ -2)$　$ax+y=10$ のグラフもこの点を通るから，$x=3$，$y=-2$ を代入して，$3a-2=10$，$a=4$

No. 34 多角形の角(1)

❶ (1) **1260°**　(2) **156°**　(3) **十三角形**
❷ (1) **36°**　(2) **72°**
❸ (1) **125°**　(2) **50°**

解説
❶(2)　$180°\times(15-2)\div15=156°$
❷(1)　$\angle ABC=180°\times(5-2)\div5=108°$
BA=BC だから，△BAC は二等辺三角形で，$\angle BAC=(180°-108°)\div2=36°$
(2)　$\angle ACD=108°-36°=72°$
❸(2)　$\angle x$ のとなりの内角の大きさは
$180°\times(6-2)-(90°+110°+145°+95°+150°)$
$=130°$ だから，$\angle x=180°-130°=50°$

No. 35 多角形の角(2)

❶ (1) **360°**　(2) **36°**　(3) **正十八角形**
(4) **2：7**　(5) **正二十四角形**
❷ (1) **100°**　(2) **120°**

解説
❶(4)　1つの外角は $360°\div9=40°$ だから，
$40:(180-40)=40:140=2:7$
(5)　1つの外角は$180°\times\frac{1}{1+11}=15°$ だから，
$360\div15=24$ より，正二十四角形。
❷(2)　$\angle x$ のとなりの外角の大きさは，
$360°-(65°+80°+70°+85°)=60°$ だから，
$\angle x=180°-60°=120°$

No. 36 平行線と角(1)

❶ (1) **45°**　(2) **75°**　(3) **60°**　(4) **75°**
❷ **127°**
❸ (1) **62°**　(2) **62°**　(3) **72°**　(4) **118°**

解説
❷ **対頂角が等しい**ことと，**一直線の角**から，
$\angle y+\angle z+\angle x+53°=180°$

❸(3)　$\angle c=180°-108°=72°$
(4)　$\angle d=180°-62°=118°$

No. 37 平行線と角(2)

❶ (1) **65°**　(2) **45°**　(3) **50°**　(4) **75°**
❷ (1) **20°**　(2) **50°**

解説　平行線の**錯角が等しい**ことを利用。
❶(1)　$\angle x=30°+35°=65°$
(2)　下の図で，$25°+\angle x=70°$だから，
$\angle x=70°-25°=45°$

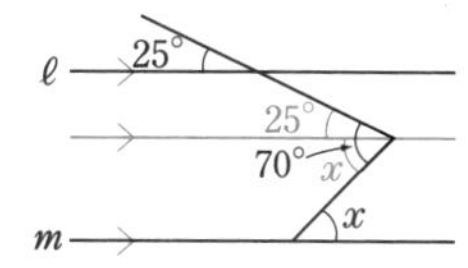

(3)　下の図で，$\angle x=28°+(40°-18°)=50°$

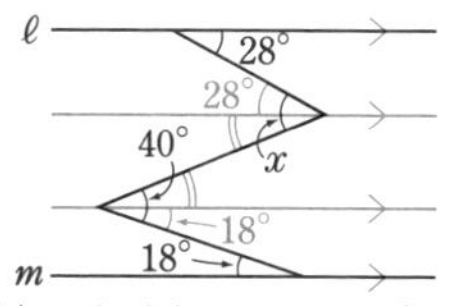

(4)　下の図で，$\angle a=40°$，$\angle b=25°$だから，
$\angle x=(90°-40°)+25°=75°$

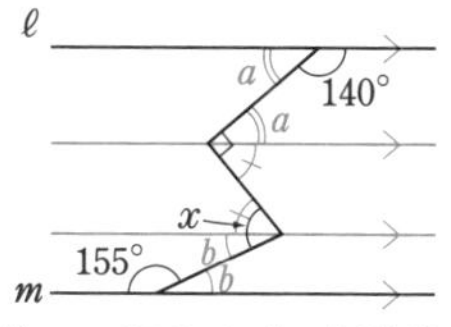

❷(1)　△ABC は正三角形だから$\angle ABC=60°$
点Bを通り ℓ に平行な直線をひくと，
$40°+\angle x=60°$より，$\angle x=20°$
(2)　点Cを通り ℓ に平行な直線をひくと，
$\angle ACB=\angle ABC=20°+45°=65°$
よって，$\angle x=180°-65°\times2=50°$

No. 38 三角形の角

❶ (1) **73°**　(2) **74°**　(3) **85°**　(4) **72°**
❷ (1) **25°**　(2) **142°**

解説
❶(2)　$\angle x=(180°-32°)\div2=74°$
(4)　$2\angle x=144°$より，$\angle x=144°\div2=72°$

ANSWERS

2 (1)　△AED と△BEC で，**内角と外角の関係**から，$30°+35°=\angle x+40°$，$\angle x=25°$

(2)　BC の延長と AD との交点を E とすると，$\angle CED=92°+30°=122°$だから，$\angle x=122°+20°=142°$

No. 39 四角形の角

1 (1) **40°**　(2) **37°**　(3) **35°**　(4) **52°**

2 (1) **48°**　(2) **27°**

解説

1 (1)　**対角は等しい**から，$\angle x+65°=105°$

(2)　AD // BC より，**錯角が等しい**から，$\angle ADB=\angle CBD=25°$
よって，△ABD の内角の和から，
$\angle x=180°-(118°+25°)=37°$

(3)　△CBE は CB＝CE の二等辺三角形だから，$\angle BCE=180°-70°\times2=40°$
よって，$\angle x+40°=75°$より，$\angle x=35°$

(4)　△ABC の内角の和から，
$\angle ACB=180°-(74°+68°)=38°$
AD // BC より，$\angle CAE=\angle ACB=38°$
よって，△ACE の内角の和から，
$\angle x=180°-(38°+90°)=52°$

2 (1)　△BAC は BA＝BC の二等辺三角形だから，$\angle ABC=180°-66°\times2=48°$
ひし形の**対角は等しい**から，$\angle x=48°$

(2)　$\angle CDE=\angle ABC=72°$（ひし形の対角）
よって，△CDE と△AFE で，**内角と外角の関係**から，$\angle AEF=31°+72°=103°$
$\angle x=130°-103°=27°$

No. 40 まとめテスト④

1 (1) **135°**　(2) **正十五角形**

2 (1) **77°**　(2) **95°**

3 **70°**

4 **$\angle x=35°$，$\angle y=28°$**

解説

2 (1)　$\angle x=(180°-145°)+42°=77°$

(2)　$\angle x+47°+38°=180°$より，$\angle x=95°$

3 $\angle ABC=(180°-80°)\div2=50°$より，
$\angle x=50°+20°=70°$

4 $\angle ABE=\angle CBE$，$\angle AEB=\angle CBE$より，
△ABE は二等辺三角形だから，
$\angle x=(180°-110°)\div2=35°$
また，$\angle BCE=180°-(63°+35°)=82°$だから，
$82°+\angle y=110°$より，$\angle y=28°$

No. 41 確率(1)

1 (1) **10通り**　(2) $\frac{1}{10}$　(3) $\frac{1}{5}$　(4) $\frac{2}{5}$

2 (1) **12通り**　(2) $\frac{1}{4}$　(3) $\frac{1}{6}$　(4) $\frac{3}{4}$

解説

2 (1)　3＋7＋2＝12(通り)

(4)　青玉，白玉どちらかの取り出し方は，
7＋2＝9(通り)だから，確率は，$\frac{9}{12}=\frac{3}{4}$

No. 42 確率(2)

1 (1) **8 通り**　(2) $\frac{1}{8}$　(3) $\frac{3}{8}$

2 (1) $\frac{1}{9}$　(2) $\frac{1}{6}$　(3) **0**

(4) **1**　(5) $\frac{1}{9}$

解説

1 (1)　3 枚の硬貨を A，B，C として樹形図をかくと，右のようになり，起こりうる場合の数は 8 通り。

(3)　右の図から，1 枚が表で 2 枚が裏になるのは 3 通り。

2 すべての場合の数は，36通りある。

(1)　目の数の和が 9 になるのは，(3，6)，(4，5)，(5，4)，(6，3)の 4 通り。

(2)　目の数の和が 4 以下になるのは，(1，1)，(1，2)，(1，3)，(2，1)，(2，2)，(3，1)の 6 通り。

(5)　条件に合う場合の数は(大，小)＝(6，4)，(5，3)，(4，2)，(3，1)の 4 通り。

No.43 確率(3)

❶ (1) **20通り**　(2) $\frac{2}{5}$　(3) $\frac{1}{10}$　(4) $\frac{7}{10}$

❷ $\frac{2}{9}$

❸ (1) $\frac{3}{5}$　(2) $\frac{3}{10}$

解説

❶ 当たりを①，②，はずれを3，4，5として，次のような樹形図をかいて考える。

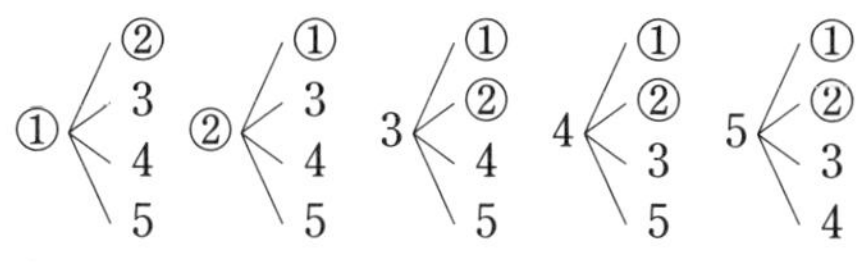

❸ 玉の取り出し方は，下のようになる。

白$_1$ ＜ 白$_2$，赤$_1$，赤$_2$，赤$_3$　白$_2$ ＜ 赤$_1$，赤$_2$，赤$_3$　赤$_1$ ＜ 赤$_2$，赤$_3$　赤$_2$ ― 赤$_3$

No.44 確率(4)

❶ (1) **52通り**　(2) $\frac{1}{4}$　(3) $\frac{1}{13}$　(4) $\frac{12}{13}$

❷ (1) **12通り**　(2) $\frac{1}{4}$　(3) $\frac{1}{2}$　(4) $\frac{5}{6}$

解説

❶ (3)　キングのカードは4枚あるから，ひき方は4通りで，確率は，$\frac{4}{52}=\frac{1}{13}$

(4)　$1-\frac{1}{13}=\frac{12}{13}$

❷ (4)　17の倍数になる場合は，17，51の2通りだから，その確率は，$\frac{2}{12}=\frac{1}{6}$

よって，求める確率は，$1-\frac{1}{6}=\frac{5}{6}$

No.45 確率(5)

❶ (1) **16通り**　(2) $\frac{1}{16}$　(3) $\frac{15}{16}$　(4) $\frac{1}{4}$

❷ (1) **12通り**　(2) $\frac{1}{3}$　(3) $\frac{1}{4}$

❸ $\frac{1}{18}$

解説

❶ (3)　4枚とも裏になる確率は$\frac{1}{16}$だから，求める確率は，$1-\frac{1}{16}=\frac{15}{16}$

❷ (2)　Aが選ばれる場合の数は4通り。

(3)　Dが選ばれる場合の数は3通り。

❸ すべての場合の数は6×6＝36(通り)で，$3x+y=10$となる場合の数は，

(大，小)＝(2，4)，(3，1)

の2通り。

No.46 まとめテスト⑤

❶ (1) $\frac{1}{5}$　(2) $\frac{2}{5}$

❷ (1) $\frac{1}{2}$　(2) $\frac{3}{4}$

❸ (1) $\frac{1}{9}$　(2) $\frac{2}{9}$

❹ (1) $\frac{5}{8}$　(2) $\frac{3}{28}$

解説

❷ 表と裏の出方は，

〔表，表〕，〔表，裏〕，〔裏，表〕，〔裏，裏〕

の4通り。

No.47 箱ひげ図

❶ (1) **第1四分位数 … 7.0秒**

第2四分位数 … 7.4秒

第3四分位数 … 7.9秒

(2) **0.9秒**

(3)

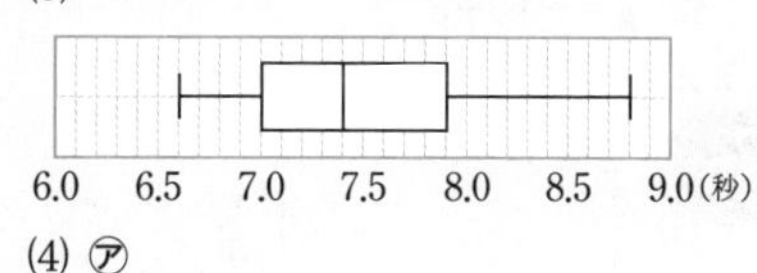

(4) ㋐

解説

❶ (2)　第3四分位数－第1四分位数

＝7.9－7.0＝0.9(秒)

(4)　箱ひげ図から，多少左にかたよった分布であることが読み取れるので，㋐。

ANSWERS

No. 48 まとめテスト⑥

❶ ㋐…1，㋑…3，㋒…6，
㋓…7，㋔…12

❷ (1) **第1四分位数…6点**
第2四分位数…8点
第3四分位数…9点

(2) **3点**

(3)

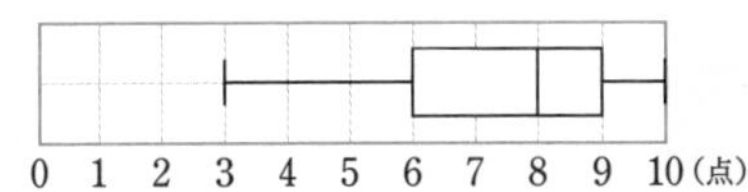

解説

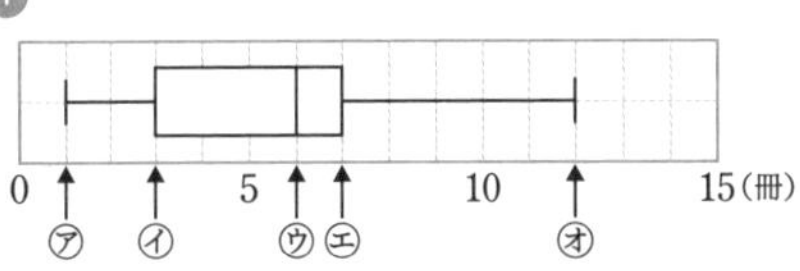

No. 49 総復習テスト①

❶ (1) $\boldsymbol{2x-13y}$　(2) $\boldsymbol{-5a^2+3a}$

(3) $\boldsymbol{12a-2b}$　(4) $\boldsymbol{\dfrac{-5x+13y}{12}}$

(5) $\boldsymbol{-9m^3}$　(6) $\boldsymbol{2x}$

❷ (1) $\boldsymbol{x=4,\ y=5}$　(2) $\boldsymbol{x=3,\ y=-2}$

❸ $\boldsymbol{a=-3,\ b=4}$

❹ (1) $\boldsymbol{y=19}$　(2) $\boldsymbol{-32}$

❺ (1) $\boldsymbol{y=\dfrac{5}{3}x-6}$　(2) $\boldsymbol{y=3x-2}$

(3) $\boldsymbol{y=-4x+3}$

❻ $\boldsymbol{\angle x=75°,\ \angle y=47°}$

❼ $\boldsymbol{\angle x=78°,\ \angle y=84°}$

❽ (1) $\boldsymbol{\dfrac{2}{3}}$　(2) $\boldsymbol{\dfrac{1}{6}}$

解説

❷ 上の式を①，下の式を②とする。
(1) ①を②に代入して，y を消去する。
(2) ①×2＋②×3 で，y を消去する。

❸ もとの連立方程式に解の値を代入して，**a，b についての連立方程式**を解く。

❺ (1) $y=\dfrac{5}{3}x+b$ に x，y の値を代入する。
(3) 平行な直線の**傾きは等しい**。

❼ AD∥BC より，$\angle$ADE＝78°
△ADE は AD＝AE の二等辺三角形だから，
$\angle x$＝78°また，$\angle$EAD＝180°－78°×2＝24°
△ABE は正三角形で，ひし形の**対角は等しい**から，$\angle y$＝$\angle$BAD＝60°＋24°＝84°

❽ (2) すべての場合の数は24通りあり，A と D が両端にくる場合は，ABCD，ACBD，DBCA，DCBA の4通り。

No. 50 総復習テスト②

❶ (1) $\boldsymbol{-6a+8b}$　(2) $\boldsymbol{-7x^2+3x-5}$

(3) $\boldsymbol{13y}$　(4) $\boldsymbol{\dfrac{a+8b}{15}}$

(5) $\boldsymbol{-12x^3}$　(6) $\boldsymbol{3a}$

❷ (1) $\boldsymbol{x=2,\ y=3}$　(2) $\boldsymbol{x=-5,\ y=-2}$

(3) $\boldsymbol{x=4,\ y=-2}$　(4) $\boldsymbol{x=-6,\ y=4}$

❸ (1) $\boldsymbol{y=-3x+5}$　(2) $\boldsymbol{y=\dfrac{3}{2}x+5}$

❹ (1) $\boldsymbol{y=4x+9}$　(2) $\boldsymbol{y=6x-7}$

(3) $\boldsymbol{y=-5x+3}$

❺ $\boldsymbol{\angle x=40°,\ \angle y=45°}$

❻ $\boldsymbol{\angle x=47°,\ \angle y=61°}$

❼ (1) $\boldsymbol{\dfrac{1}{4}}$　(2) $\boldsymbol{\dfrac{1}{3}}$

解説

❷ 上の式を①，下の式を②とする。
(3) まず，②のかっこをはずして整理する。
(4) ①×12，②×10 で，係数を整数に直す。

❹ (3) $y=ax+b$ に通る2点の座標の値を代入して，**a，b についての連立方程式**を解く。

❺ △BCE はBC＝BEの二等辺三角形だから，
$\angle$EBC＝180°－70°×2＝40°　AD∥BC より，
$\angle x$＝$\angle$EBC＝40°，$\angle$DEC＝$\angle$ECB＝70°
$\angle y$＝180°－(70°＋65°)＝45°

❻ $\angle$BAE＝180°×(5－2)÷5＝108°だから，
$\angle x$＝180°－(108°＋25°)＝47°　また，点 B を通り直線 ℓ に平行な直線をひくと，**錯角が等しい**から，$\angle y$＝108°－47°＝61°

❼ すべての場合の数は12通りある。
(1) 20以下になる場合は，12，13，14
(2) 3の倍数になる場合は，12，21，24，42